너의 이름은 가브리엘 코코 마루

서은영 지음

BOOKERS

Journey with Life of Maru

모든 일에는 때가 있는 법

나는 동물 애호가가 아니다. 유기견 봉사를 한 적도 없는 데다 강아지를 키울 마음도 전혀 없었다. "언니, 한번 도전해보면 어때요?"라고 오래 전에 가수 이효리가 사진작가 김태은의 스튜디오에서 우연히 마주쳤을 때 내게 입양을 물었던 적이 있다. 딱히 친분도 없는 내게 입양을 권할 만큼 유기된 강아지들이 많았을 것이다. 강아지에 관련된 일이라면 자다가도 벌떡 일어날 패션 포토그래퍼 김태은 작가로 인해 주변의 많은 사람들이 유기견의 실상과 입양에 대해 알게 되었다.

얼마 전 방영되었던 〈캐나다 체크인〉에서 보면 김태은 작가는 대형견을 구조하여 해외로 입양을 보내며 주변 사람을 넘어 이제는 수많은 사람들에게 생명의 귀중함을 알리고 있다. 시선만 돌리고 외면하면 조금 더 편하게 살 수 있는데도 그들은 매번 버려진 아이들을 쫓아다니고, 길거리 행진을 하며 유기견 입양에 힘을 쓰고 있는 것이다. 그리고 그런 모습을 아주 가까운 곳에서 목격을 하면서도 오랜 시간 상황이 안된다는 이유로 나는 입양을 주저하는, 그저 다람쥐 쳇바퀴 돌듯 내 인생 살기 바쁜 인간이었다.

당나라 시성 두보는 '좋은 비는 시절을 안다'라는 아름다운 시를 지었다. 가장 절망스럽고, 생각지도 못한 의외의 순간에 내게 온 마루는 메말라버린 나의 삶에 단비처럼 사랑으로 채워주었다. 하늘이 보시기에 마루를 만나야 할 좋은 때는 나의 삶이 가장 편할 때가 아닌 가장 고통스러워 더 이상 무엇을 해야 할지 몰라 모든 것을 포기하려고 하는 '최악의 순간'이 입양하기 좋은 '최상의 순간'이라고 생각하셨던 것 같다. 더 이상 시련을 마주할 용기도 없고, 사람에 대한 상처와 경제적으로도 엉망이 된 때에 마루를 보내시어 빠른 속도로 나를 일으켜 세우고, 채워주는 기적을 보여주셨다. 삶의 목표도 없이 그저 열정만으로 가득했던 화려한 생활은 소소한 일상에 감사하는 삶으로 바뀌었다. 다시 눈을 뜨고 진정한 삶을 살기 시작했던 바울Paul처럼 나는 내가 최고라고 생각하며 살던 세상에서 빠져 나와 또 다른 세상을 마주하게 된 것이다.

마루와 만나기 전에는 새벽에 일어나 운동을 하고, 아침에 출근하고, 수많은 사람들을 만나고, 하루 종일 열심히 뛰어다니다 집에 들어와 밥을 먹고 멍하니 TV를 보다 잠이 들었다. 신앙도 마찬가지였다. 매일같이 새벽미사를 드렸고, 기도하며 믿음 속에 살기 위해 노력했다. 언제나 최선을 다했고, 열정적으로 살았지만 화산이 쓸고 간 폼페이처럼 회색빛이었다.

우리의 첫 철학 스승은 우리 발이다

_장 자크 루소, 《에밀》

마루를 산책시키기 위해 나의 일상과 의식의 흐름을 깨야만 했다. 일하다가도 하던 일을 멈추고, 생각을 멈추고, 컴퓨터를 멈춰야 했다. 그리고 마루와 함께 산책에 나섰다. 어쩔 수 없이 철학자와 같은 생활패턴을 갖게 되었다. 오후 5시가 되면 산책을 했던 칸트처럼 매일 하루 세 번 정도는 꼭 산책에 나섰기 때문이다. 그러다 보니 본의 아니게 철학자가 된 듯 하루를 돌아보고, 내일을 준비하고, 문제에 대해 고민하고 성찰하며 인생을 제대로 마주할 수 있게 되었다. 전국의 수많은 공원을 걸으며 봄, 여름, 가을과 겨울로 이어지는 모든 과정과 자연의 섭리를 온전히 목격하게 되었다. 여행을 가더라도 차를 멈추고 마루를 위해 산책을 나서다 보니 강원도, 전라도, 경상도는 물론 섬진강과 지리산의 작은 동네와 길을 걷게 되었다.

파리와 뉴욕 골목이 아닌 소소하고 귀여운 우리 마을, 우리 동네를 다니며 나는 계속해서 달라졌다. 성격이 급해 가능한 모든 일은 가장 빨리 처리해야 했고, 누군가가 나를 기다리게 하는 것도 견딜 수 없어 했다. 그러나 마루는 언제나 나를 기다려주었고, 나 또한 마루를 기다려야만 했다. 우리는 함께 살아가기 위해 서로를 기다려주고, 이해하고, 사랑하며 관계를 만들어갔다. 나는 미혼으로 자식이 없어 엄마로서의 삶을 경험하지 못했다. 그러나 마루와 바롱이를 통해 아이를 키우는 엄마의 마음을 알게 되었다. 경이롭고, 기쁘고, 속상하고, 안타깝고, 아프고, 화나고, 행복하고, 애절한 마음을 작은 털친구 마루와 바롱이를 통해 알게 되었다.

> 너는 어찌하여 형제의 눈 속에 있는 티는 보면서
> 네 눈 속에 있은 들보는 깨닫지 못하느냐?
> 먼저 네 눈에서 들보를 빼내어라
>
> _마태오 복음 7:1-5

마루를 지키기 위해 나의 들보를 먼저 보는 사람이 되어갔다. 몸이 아픈 마루를 보면서 몸이 아픈 아이 엄마의 마음을 알게 되었다. 마음이 아픈 바롱이를 통해 정신적 장애가 있는 아이 엄마의 고충을 알게 되었고, 트라우마로 사람들을 향해 짖어대는 바롱이로 인해 몸을 낮출 수 밖에 없었다.

동물들은 철학자이자, 성직자이자, 순례자와 같은 존재들이다. 특히 사람과 밀접한 관계를 맺는 강아지는 하늘이 보낸 천사들이다. 마루와 바롱이는 엄청나게, 잘난척 으스대지 않고서 그 존재로 '인간은 어떻게 살아가야 하는지'를 내게 알려주었다. 톨스토이가 깜짝 놀라

무덤에서 깨어날 정도로 놀랍다. 벼랑 끝에 선 내가 작은 털친구를 통해 생명의 소중함과 존엄성을 깨닫게 되었고, 고귀한 삶이 무엇인지를 깨닫게 되었다. 지금 회사에는 신체적 혹은 정신적 장애를 가진 사람들과 장애를 가진 자식을 키우는 어머니들이 함께하기 시작했다. 앞으로도 사회적 기업으로 수많은 사람들과 '함께' 자신의 꿈을 이루며 살아가는 곳으로 만들고 싶다. 내게 기적같이 다가온 마루를 통해 '관계'의 소중함과 중요성을 알게 되었기 때문이다. 마루는 내게 서로 기다리고, 이해하고, 아끼며 순리대로 살아가는 방식을 알려주었다.

언젠가 아이들이 무지개 다리를 건널 일을 생각하면 벌써 눈시울이 적셔진다. 사실 우리 모두 죽음을 향해 살아가고 있다. '반려동물과 함께하는 생활'로 인해 '어떻게 하면 잘 죽을 수 있는가'를 진지하게 생각하게 되었고, 천국을 믿게 되었다. 동물들은 죽는 그 순간 어깨에서 날개가 돋아나 바로 천국으로 직행한다. 우리 눈에는 보이지 않지만 마그리트의 '비'처럼 수많은 동물들이 어깨에 날개가 돋아 하늘로 올라가는 것이다. '부자가 하느님 나라에 들어가는 것보다 낙타가 바늘 구멍으로 빠져나가는 것이 더 쉽다'(마태오 복음 19:24)라는 성경 구절처럼 인간은 천국에 가기 어렵다. 부자라고 모두 천국에 가기 어려운 것도 아니고, 가난하다고 모두 천국에 갈 수 있는 것도 아니다. 돈이 있다고 천국에 갈 수 없다는 말을 은유한 것처럼 천국에 가기는 그렇게나 힘든 일이다.

'착하다는 것은 선하다는 것이 아니다'라는 말이 있다. 문제 없이 조용히 살았다고 천국에 갈까? 예수님이 잘못이 없다는 것을 알면서도 외면하고 사형에 처한 빌라도는 수천년 동안 '사도신경'을 통해 매일 모든 사람들의 지탄을 듣는다. 세례자 요한까지 죽여버리고, 사치와 타락으로 살았던 네로 황제보다 빌라도가 나빴던 것은 바로 정의와 사랑을 '외면'한 것이었다. 우리는 누군가의 고통을 같이 나누고, 서로 껴안고 살아갈 때 비로소 '선한 사마리안'으로 진정한 삶을 마주하게 되는 것이다. 오죽하면 컨설팅한 레스토랑 이름이 '굿사마리안레시피'겠는가.

이 책을 통해 유기견 입양을 강조하려는 것은 아니다. '애견 길들이기'에 대한 책도 아니다. 그저 이 책을 통해 생명의 소중함과 존엄성에 대해, 그리고 털복숭이 철학자들과 함께하는 삶이 얼마나 기적과도 같은 일인지에 대해 말하고 싶다. 하늘의 명을 알았다는 지천명知天命 나이가 되어서야 개미처럼 부지런히, 벌처럼 성실히, 나비처럼 부드럽게, 코끼리처럼 진득하게, 돌고래처럼 사랑스럽게, 그렇게 느티나무처럼 살고 싶어진 것이다. 이제서야 삶을 진정으로 마주하게 되었으니, 내가 마루를 키우고 있는 것이 아니라 마루가 나를 키워준 것이다.

촉촉히 비가 내리는 어느 날에

서은영

contents

Prologue　모든 일에는 때가 있는 법　07

1
마루야 마루야

하양고 동그란 애　21
이별, 그리고 새로운 만남　27
벼랑 끝에서　31
너를 만나 나는 살아가게 되었다　36
산책의 즐거움　43
털복숭이 철학자와 함께한 시간들　56
먹보 마루 선생　64

2
마루와
세상 구경

마루와 함께한 여행	77
전국 마루 자랑	87
제주도 푸른 바다	94
A Little Wild	102
1미터 세상의 아이들	106

3
바르게 자라
오래도록

살아남은 아이	117
라파엘 또또 바롱	128
몸이 아픈 아이, 마음이 아픈 아이	133
몸이 아픈 아이, 마루	144
마음이 아픈 아이, 바롱	155
바롱이가 혼났다. 아주 크게 혼이 났다	163

4
가까이
더 가까이

우리 아이가 달라졌어요 171
펫숍 보이즈 179
애완견이 아니에옷! 190
지옥은 비어 있다 198
마루로 인해 마주한 또 다른 세상 207

5
우리는
무엇으로 사는가

부동산 부자 마루 씨 215
스타일리시 미스터 마루 220
고급 감옥 228
멍BTI 234
멀어져가는 모습을 기억하고 있구나 244

6

마루라는 선물
사랑이라는 기적

죽기에 찬란한 일생 251
행복한 왕자 261
마루의 십자가 266
다시 수술대 위로 270
걱정도 팔자 275
천국에 가고 싶어졌다 280
My Little Sunshine 286

Epilogue 힘든 하루 끝에 모든 것이 평화로웠다 290

1

마루야
마루야

하루하루 벼랑 끝에서 사는 느낌으로 버티고 있는데
어떻게 강아지를 키울 수 있을지 아득했다.
그런데 의자에 앉으면 이 아이, 동그란 머리를
내 무릎 위에 올려놓는다. 잠을 잘 때도 내 곁에 있다
가만히 눈을 바라보니 단추같이 동그란 눈에
눈물이 가득했다. 울고 있었던 것이다.

하얗고 동그란 애

마루는 2016년에 입양되었다. 처음 마루를 만난 날은 2016년 11월 19일 오후 6시경이다. 입양에 대한 연락을 받은 것은 그로부터 2주 전으로 도쿄의 마루이 백화점에서였다.

"어디야? 서울 아니야? 너무 급해서…. 언니 사정도 아는데 이상하게 입양을 못 가는 아이가 있어서…."

속사포처럼 쏟아내는 상대방의 말에 힘없이 대답했다.

"알잖아. 키울 자신도 없지만, 지금 내가 그럴 사정 아닌 거…."

"알아. 그런데 언니밖에 생각이 안 나서…. 원래 비숑은 인기 있는 견종이라 유기견으로 잘 나오지도 않아서 바로 입양될 거라 생각했는데…. 언니 한 번만 생각해봐. 이런 견종을 입양할 수 있는 것도 정말 드문 일이야."

입양을 권하는 지인으로 말할 것 같으면, 이미 입양한 아이들만

11마리를 키우는 포토그래퍼 김태은 작가이다. 이제 훈련자격증까지 취득해서 유기견 봉사도 자기 일처럼 하는 그녀에게 영향받아 연예인도 동참할 정도다. 촬영장에 나갔다 소품으로 사용된 강아지가 버려질 위기에 있자 입양하고, 덩치가 피레네 산맥만큼 폭풍 성장한 피레니즈를 데리고 매일 촬영장에 나갔다.

어디 그뿐인가. 얼마 전 방영한 이효리의 〈캐나다 체크인〉에서 해외 입양을 위해 임보한 강아지를 보내며 눈물 없이 볼 수 없는 장면까지 보여준 그 포토그래퍼 김태은 작가이다. 한마디로 그녀는 불쌍한 털친구들 사이의 나이팅게일처럼 물불을 가리지 않고 나서는 인물이다.

"비숑? 비숑 프리제? 그 동그란 애?"

요즘이야 길거리에서 가장 흔하게 볼 수 있는 인기 견종이지만 당시만 해도 강아지에 대한 지식도 없어 재차 물었다.

"응. 맞아. 동그란 애. 여왕님이 비숑은 키워보고 싶다 했잖아. 언니 상황도 아는데 이 애가 너무 딱한 사정이야. 6개월 넘도록 입양할 사람을 못 찾고 있어서…."

사진을 보여주며 매번 입양 의사를 묻는 김태은 작가에게 자신이 없다는 말만 되풀이한지 10여 년이 지났다. 내가 중학교 때부터 14년 동안 키우던 포메라니안을 힘겹게 보내고 어머니는 더 이상 강아지는 키우지 말자 했다. 그런데 어디서 보고 왔는지 어느 날 뜬금없이 어머니가 말했다. "나, 그 머리통 크고 하얗게 생긴 동그란 애라면 키우고 싶어"라고.

그 말을 아무 생각 없이 김태은 작가에게 전한 적이 있는데 그걸 떠올린 것이다. 분양가가 매우 높을 정도로 인기 있는 비숑 프리제이니 유기견으로 나올 리 만무하다 생각했다. 결국 강아지를 입양하지 않겠다는 말을 돌려서 한 말이었는데….

마리 앙트와네트만큼 화려하고 까다로운 나의 어머니를 '여왕님'이라 부르는 김태은 작가는 그 말을 기억해낸 것이다. 그러나 그녀는 나의 상황도 알고 있던 터라 '입양처를 알아볼 만큼 알아보다 마지막에 연락했다'는 말도 사실이었을 것이다.

"언니, 정말 이상할 정도로 입양이 안되고 있어서…. 딱 한 번만 보고 연락 줘. 사진만 한 번 봐봐!"

전화를 끊고 멍하니 서 있는데 띵동 메시지가 도착했다. 핸드폰 속에는 백설기처럼 하얗고 동그란 머리통의 아기 비숑 프리제가 앉아 있었다. "괜찮으세요?" 출장에 동행한 업체 부장님이 묻는다. "아… 네 네! 괜찮아요"라며 황급히 일행을 따라갔다.

정말로 귀여웠다. 2살 반이라는 아기 비숑 사진은. 그러나 귀엽다고 어떻게 입양할 수 있나. 강아지는커녕 내 몸뚱이 하나도 추스리기 힘든 이 상황에! 그런데 강아지를 입양한다고? 천부당만부당한 일이다. 그러나 마음 한구석은 이미 몽실몽실 솜방망이 같은 것이 내 심장을 톡톡 치고 있었다.

"엄마, 어때?"

아버지가 돌아가신 후 같이 살게 된 어머니에게 국제전화까지 하며 물었다. 백번을 물어도 반대할 거라 생각했다. 몇 번 입양을 이야기할 때마다 이제는 둘이 편하게 살자고 했던 어머니가 아니었나. 그런데 대답은 의외였다.

"그 얼굴 하얗고 동그란 애?"

예상과는 다른 질문이다. 반응이 이렇게 나오다니 이상하다.

"그래. 백설기처럼 하얗고 동그란 애."

나의 어머니로 말할 것 같으면, 외국에서 길을 걸어도 사람들이 쳐다보고 기념 사진을 찍을 정도로 화려하다. 말 그대로 '여왕'처럼 화려한 데다 본인의 취향과 의지가 뚜렷하여 웬만한 일에 쉽게 오케이를 하지 않는 성격이다. 그런데 평상시답지 않게 쉽게 대답이 나왔다. 정말로 상상도 못했다.

"데려와!"

이건 또 무슨 조화인가. 호텔에 돌아와 핸드폰 속 사진을 다시 보는데 나를 빤히 바라보는 동그란 얼굴이 가슴을 몽글하게 만들었다. '지금 내 상황에? 하도 급하다 하니 서울에 도착하고 이틀 지나 바로 약속을 정했다. 11월이라 저녁 6시만 되어도 어두컴컴했다.

"그 집도 딱한 사정이라… 어쩔 수 없었어. 언니가 만약 키우다 정 못 키우겠다 싶으면 말하래. 다시 데려가겠다고."

전화기 너머로 김태은 작가의 걱정스러운 목소리가 들려왔다. 입양하겠다 하니 이번에는 내가 걱정되기 시작하는 모양이다.

이별, 그리고 새로운 만남

화목하게 살던 집이었다. 마루의 원래 보호자는. 동부이촌동에 사는 것만 봐도 그렇지만 마루가 올 때 딸려 온 물건들도 예사롭지 않았다. 강아지 밥그릇이 우리 집 국그릇보다 고급스럽고 묵직하다. 내가 좋아하는 폴란드의 칼리흐 도자기 제품이다. 겨울 패딩은 보기에도 몽클레어같이 고급스러운 것(나중에 알고 보니 강아지계의 몽클레어 같은 퍼피앤젤 제품이었다)으로 꽤 유복한 집이라는 것은 물건만 봐도 짐작할 수 있었다. 마루의 보호자는 스물입곱 살의 꽃처럼 젊은 나이에 갑작스럽게 쓰러져 혼수 상태에 빠진 지 6개월이 지났다고 했다. 부모님을 포함한 가족들은 모두 딸이자 여동생의 병간호에 정신이 없었다. 단란한 가정은 하루아침에 먹구름이 끼었고, 마루는 집에 항상 홀로 있었던 모양이다. 산책도 못 갔다고 했다.

그날의 일을 아직도 기억한다. 사진 속의 강아지를 기다리는 동안 어느 새 낯선 동네 어귀에 어둠이 내려앉기 시작했다. 어느 쪽에서 올지 두리번거리며 기다리는데, 저 멀리서 눈에 띄는 가족이 보인다. 말하지 않아도 내가 기다리고 있는 상대라는 것을 알 수 있었다. 커다란 우주선 모양의 형체와 짐보따리를 한가득 든 남자가 한 손에 어린아이 손을 잡고 있다. 그리고 그 옆에는 커다란 양 한 마리를 버겁게 들고 오는 여자가 함께 걸어오고 있었다. 말하지 않아도 멀리서 소리가 들리는 듯했다. '저희가 만날 사람이에요!'라고. 점점 다가오는 가족을 보며 나의 눈은 커져갔다. 사진에서 봤던 어린 강아지는 없고 다가오고 있는 것은 누가 봐도 어린 염소나 양이었기 때문이다.

"혹시라도 코코가 말썽을 피우면 연락 주세요. 저희가 다시 데려올게요. 정말 감사합니다."

"아… 네네."

사진과는 너무 다른 모습에 정신줄을 놔버린 채 엉겁결에 대답했다. 병석에 누워 있는 보호자의 언니라고 했다. 딸 시집보내는 어머니처럼 언니라는 분은 연신 고개를 숙이며 내게 감사하고 죄송하다 말했다. 그리고 커다란 짐을 하나씩 설명하기 시작하는데, 하얗고 커다란 우주선의 정체는 강아지 집이었다. 이것저것 담겨진 짐을 뒤적거리고 마지막 인사를 나누었다.

"정말 감사합니다. 입양이 안되어 걱정했는데…. 혼자 많이 외로웠을 거예요. 산책도 못하고…. 착하기는 한데 좀 말썽꾸러기예요. 키우기 힘드시면 꼭 다시 연락 주세요."

자동차 안에 있던 양만 한 강아지는 뭔가 심상치 않은 기운을 감지한 듯 몸을 이리저리 움직인다. 그건 인간의 아이도 마찬가지였다. 아빠, 엄마와 같이 오랜만의 산책이라 기뻐했는데 이게 웬 날벼락이라는 듯 패닉상태가 되었다.

"코코야. 이리 와! 집에 가자. 안돼. 안돼. 엄마, 코코 데려가야지. 가지 마! 잉잉. 코코야."

아이가 자동차 안의 강아지를 향해 손을 뻗어 소리 질렀다. 사이드미러로 아이가 자지러질 듯이 울고 있고, 엄마가 아이를 달래며 눈물을 훔치는 모습이 보였다.

"스탠더드 비숑이래. 나도 그 사진만 받아서 몰랐어."

미니 비숑만 보다 생각지도 않게 큰 사이즈에 놀라 말했더니 김태은 작가가 미안해한다.

"언니, 정 힘들면 다시 보내. 미안하고 고마워. 그리고 일단 키울거면 이름은 바꿔주는 것도 좋아."

이것저것 유튜브로 찾아본 영상에도 입양 후 강아지의 이름을 바꿔주는 것이 새로운 환경에 적응하는 데 도움을 준다고 했다. 크다고 어떻게 다시 보내나 싶어 이름을 생각했다. 출장길에 방문한 마루이 백화점에서 처음 연락을 받았으니 망설일 것도 없이 '마루'라는 이름을 떠올렸다. 일본어로 마루이 백화점의 '마루マル'는 동그라미(丸)라는 뜻이다. 동그란 얼굴에 스토리까지 있는 이름이니 딱이었다. 개를 키우지 않으니 그 이름이 그렇게나 흔한 이름인지 그때는 미처 몰랐지만.

"에효. 나도 미쳤다. 평생 다시는 겪고 싶지 않는 일을 겪고서 매일같이 울고 사는 내가 강아지 입양이 웬말이냐. 참!" 하고 중얼거리며 옆을 보니 불안에 떠는 양 한 마리는 창가에 매달려 있었다. 마치 자신을 다시 부르며 달려올 사람이라도 있는 듯이 하염없이 뒤를 돌아보고 있었다. 까치발까지 들고 서 있는 녀석이 애처로워 그만 내려오라고 말을 해도 창문에 줄곧 매달려 있다. 혹시라도 차멀미를 할까 싶어 열어둔 창밖으로 하염없이 뒤돌아보는 동그란 뒤통수에 커다란 눈물방울마냥 주렁주렁 슬픈 기운이 역력했다.

'이 사람은 도대체 누구인가요? 주인 누나가 올 때까지 기다렸는데 가족은 나를 왜, 어디로 보내나요? 제가 어제 훔쳐 먹은 것 때문에 그런가요? 도대체 내가 이 차를 왜 타고 있는지요?' 동그란 머리 위로 수백 개의 말풍선과 서글픈 마음이 그대로 내게 전해졌다. 차가운 바람이 차 안을 가득 채워도 창문을 닫을 수 없을 정도로….

'그래! 너의 이름은 코코 마루다. 너를 키우는 동안 가족이 얼마나 기뻐하고 즐거워했겠니. 너의 이름을 잊지 말아라.' 그래서 마루의 이름은 과거를 잊지 말자는 의미로 원래 이름과 현재 이름을 붙여 '코코 마루'라 부르기로 했다.

벼랑 끝에서

패션 디자이너로, 최고의 패션지 에디터와 잘나가는 스타일리스트로 종횡무진 뛰어다니다 대기업 컨설턴트까지 되었다. 처음엔 어려움도 많았지만 그래도 점차 일이 늘어났다. 매번 그 일에 대해 즐거움을 찾으며 최선을 다해 성실하고 정직하게 일을 하다 보면 '내 인생에 봄은 오는가'의 순간은 어김없이 다가온다. 컨설턴트 일은 피곤한지도 모르고 밤 늦게까지 일을 해도 즐겁기만 했다. 회사 매출도 예전보다 훨씬 늘어났다. 나는 브랜드를 차릴 수도 있겠다는 꿈에 부풀어 있었다. 그 일이 터지기 전까지.

오랫동안 일하던 거래처 대표가 주일에 집 앞으로 찾아왔다.

"돈 때문에 찾아온 것만은 아니에요. 무슨 일이 있나 싶어 걱정되어서…."

도대체 무슨 말을 하는지 영문도 모른 채 대답을 못하는 내게 업체 대표가 다시 물었다.

"혹시 모르시는 일이세요?"

머릿속이 하얗게 변해버렸다. 손이 부들부들 떨리고 심장이 쿵쾅거리는 소리가 귓속을 채웠다. 아득하게 들려오는 대표의 질문에 간신히 답했다.

"무슨 말씀이에요. 저희가 결재를 그렇게 오랫동안 밀렸을 리가 없는데요."

회사 매출이 올랐는데 1년 가까이 지급해야 할 돈이, 그것도 적지 않은 돈이 밀려 있다니 이해할 수 없었다. 더 한심한 것은 그러한 사정도 모른 채 계속해서 그 회사에 일을 의뢰했다.

"정말 걱정되었어요. 결재가 밀려서 상황이 많이 힘드신가 보다 했는데 대표님은 항상 웃고 계셔서…."

다음 날 회계 담당 직원을 불렀다. 통장 내역서를 보니 아무 문제가 없었다. 그런데 그는 떨고 있었다. 처음엔 결재 나갈 것을 잊어버렸다고 빨리 해결하겠다고 했다. 그런 그의 손을 붙잡고 은행에 갔다. 통장 정리를 하고 보니 내가 체크하며 봐왔던 잔고는 온데간데없었다. 회사 통장에는 7,800원이 전부였다. 정말 눈앞이 깜깜했다. 그간 내가 보아왔던 통장 내역서는 모두 조작이었다. 은행 워터마크가 없다는 사실을 놓친 채 나는 오랫동안 그 직원이 한줄 한줄 장인의 손길로 조작한 내역서를 꾸준하게 체크하고 있었다는 사실을 알게 되었다.

"횡령하는 사람들 다 그래요."

그렇게 많은 사람들의 수법이 똑같다는 사실에 놀라움을 금할 수가 없었지만 횡령해온 기간을 보니 내 자신이 너무도 한심해서 큰 충격에 빠져버렸다.

무기력한 몸을 간신히 이끌며 방송 펑크라는 한 번도 하지 않은 실수까지 저질렀다. 그러나 넋을 잃고 있기엔 피해자들의 수가 점차 늘어났다. 어느 순간 1년 넘게 결재되어야 했던 업체들에게 돈도 주지 않은 채 일만 부리는 악덕 업주가 되어 있었다. 그럼에도 불구하고 어떤 곳도 내게 컴플레인을 하지 않고 계속해서 일을 해주었다고 생각하니, 감사하다고 해야 할지 화를 내야 할지 혼란스러웠다. 거래처들에게 왜 진작에 말을 해주지 않았냐고 묻자 한결같이 답했다.

“항상 웃고 다니고 여태 이런 일이 없었으니 정말 힘드신가 생각했어요.”

업체뿐만이 아니었다. 법인카드부터 세금은 물론 하다못해 보증금까지 모두 모래처럼 사라진 뒤였다. 꽤나 많은 일을 경험하고 살았다 생각했는데 인생이란 참으로 바다와 같다. 잠시 긴장을 풀면 거대한 파도가 몰아닥쳐 바다 깊숙이 내동댕이친다.

조사 후 드러난 사실에 의하면, 그 직원은 입사하고 몇 달 후부터 회사 통장에 손을 대기 시작하다 점차 액수가 늘어났다. 그런데도 내가 알아채지 못하자 더욱 대담해져 급기야 법인카드까지 사용하기 시작했다. 출장과 외부 업무가 많아 비상시에 직원들을 위해 사용하라고 맡겼던 법인카드는 고양이에게 생선을 준 꼴이 되었다. 아프리카 TV 별풍선부터 모텔까지 상상을 초월하는 카드 내역을 보며 말문이 막혔다. 통장을 보면 본인이 메꾸려고 했던 흔적도 있지만 금액이 점차 커지자 걷잡을 수 없게 된 듯하다. 본인이 사용하고 돈을 메꾸고 다시 빼가는 방식으로 3년이나 범행을 저질렀다.

참 우습다. 엄청난 일을 당하고 보니 일을 수습하는 것도 문제였지만, 그보다 사람에게 당한 배신감이 엄청난 쓰나미가 되어 벼랑 끝으로 밀쳐내기 시작했다. 살다 보면 이런저런 일을 겪을 수도 있지만 배신감에 몸서리칠 일이 생길 줄이야. 길을 가다가도 누군가 나를 쳐다보는 것 같아 계속 두리번거렸다. 밤에 누워 있다가도 그 직원이 회사에 불이라도 내면 어쩌나 싶어 새벽 3시에 달려가 컴퓨터 본체를 들고 울면서 나온 적도 있었다. 돈도 돈이지만 나는 '나 자신'을 잃어가고 있었다.

수많은 위기 상황에도 잘 견뎌왔다 생각했지만 이건 아니었다. 시간이 지날수록 충격에 빠져 제대로 살 수가 없었다. 일터만큼은 내게 정직했다. 평범한 삶은 아니더라도 내게 일터는 신성하고 거룩했다. '최선을 다하면 이렇게 보상받을 수 있구나' 생각될 정도로 일터는 소중한 곳이었다.

처음엔 그 직원의 어머니도 내 발목을 붙잡고 '한 번만 용서해달라' 무릎을 꿇었다. 그런데 시간이 지날수록 그들의 태도는 변했다. 그 어머니는 내 회사가 어려워 자식이 돈을 구해 와 돈을 메꾸었다 생각하고 있었다. 본인이 쑥대밭으로 만든 회사 통장에 돈을 메꾸고 바로 다시 출금하는 형태로 범죄를 저질렀는데, 어느 순간 자신이 회사를 위해 노력하고 있다고 믿게 된 모양이다.

세상 일은 정말로 뜻대로 되는 것이 없다. 지금까지 알고 있었던 도덕적 상식이나 책임은 법 앞에서는 무용지물이 된다는 것을 늦은 나이에 알게 되었다. 내게 있어 법의 심판을 받아야 했던 것은 과속 딱지가 전부였기에 법에 대해선 거의 무지에 가깝다 해야 했다. 회사 인감 도장과 개인 도장까지 모두 그 직원에게 맡기는 이해 안되는 나의 행동보다 더 이상한 법의 원칙 앞에 하루하루 지쳐갔지만 무엇보다 자신에 대한 실망감은 이루 말할 수가 없었다. 세상 똑똑한 척은 다하고 살았으나 정작 내가 아는 세상 속에서만 잘난 척한 우물 안 개구리는 바로 나 자신이었다는 자괴감에 하루하루 좀비처럼 변해갔다.

"어떻게 인감 도장까지 맡기세요."

은행 직원도 놀라 자빠질 정도로 교묘하게 만든 통장 내역서를 매달 보고 있었던 모습, 법인카드를 맡기던 모습을 떠올리며 세상을 마주할 자신을 잃고 말았다. 사실 더 이상 살고 싶은 마음이 사라졌다. 돈이 없어서가 아니라 사는 게 지겨워졌다.

너를 만나 나는 살아가게 되었다

결국 나는 일을 끝까지 돌보지 않았던 것이다. 일은 기획만 하면 되는 것이 아니라 끊임없이 체크하고 다시 확인하고 정리해야 한다는 사실을 몰랐다. 아니, 외면했다. 직원의 거짓말하는 버릇을 알고 있었는데도 나는 고칠 수 있다는 교만한 생각을 했다. 그럴 거면 제대로 챙기거나.

"너무 자책하지 마세요. 대체적으로 횡령하는 사람들이 똑같아요. 한줄 한줄 교묘하게 통장 내역을 만들어요."

은행에서도, 검찰청에서도 똑같은 말을 하는데 그런 말들조차 위로가 되진 않았다. 제일 나를 무기력하게 만들었던 것은 어떻게 회사가 3년 동안 난도질당하고 있는데 전혀 눈치조차도 채지 못했을까 싶었다. 돌이켜 생각해보면 수없이 의심할 만한 상황이 한둘이 아니었다. 그러나 나는 보지 못했다. 아니! 보고 싶지 않았다.

원치 않았지만 결국 법정까지 이어진 싸움이 되고 말았다. 내 바짓가랑이를 잡고 용서해달라고 빌었지만 어느새 배 째라 태도가 달라졌다. 사실 그의 어머니는 교수였고, 아버지는 자산가였다. 하지만 아들의 일에는 무관심했던 것 같다. 결국 아들을 외면했던 부모는 병들어가는 자식의 모습을 볼 수 없었다. 나와 똑같은 일이 벌어진 셈이다. 사실 열심히 일한 결과에 만족하는 한 해가 되겠다는 기대로 나는 꿈에 부풀어 있었다. 그러나 외계 침략을 받은 행성처럼 회사는 초토화가 되었다. 눈을 감으면 눈물이 흘렀고, 눈을 뜨면 그야말로 아비규환 지옥과도 같았다. 줄줄이 엮어지는 횡령 흔적을 쫓아 찾아내야 했고 갚아야 했다. 변호사와 검사가 요구하는 수많은 서류도 준비하면서 컨설팅하는 업체에 피해를 줄 수 없으니 성실히 일도 병행해야 했다.

그렇게 해서 개인 사정 내색 한 번도 못하고 떠난 도쿄 출장길에 연락을 받은 것이다. 같이 간 일행한테 행여나 누가 될까 새까맣게 탄 속을 달래가며 아무 일 없었던 듯이 일하기도 버겁고 힘겨웠다. 일단 가장 시급했던 것은 경제적인 문제였다. 해결하고 처리해야 할 일 또한 산더미 같았다. 업체와 검찰청을 오가며 정신줄 잃지 않게 버티고 있던 내게 강아지 입양이라니 참 어이없는 일이다.

세상에 우연은 없다. 살아오면서 수없이 경험했지만 절대로 우연은 없다. 아주 오래 전부터 일이 일어나기 위해서 짜여진 일들이다. 모든 시간을 충실히 잘 보내면 '시련이 축복'이라는 말이 그래서 나온다는 사실을 알게 된다. 세상의 모든 뒤틀어진 일에는 이유가 있다. 그런데 그 사실을 받아들이지 못하고 남의 탓, 세상 탓만 하면 극복하지 못하게 된다. 무슨 일이 생기면 항상 일의 본질과 원점을 찾아 생각의 여정을 떠나야만 한다.

하여튼 마루가 우리 집에 올 아이가 분명했던 것 같다. 꽤나 사람에 대해 잘 파악한다는 내가, 일을 잘한다고 생각하던 내가 무방비 상태로 당했다. 그런 내 상황을 알면서도 전화를 준 김태은 작가도 그렇지만 출장길에 어머니에게 물어본 나도 이상하다. 혼비백산되어 사건을 쫓아 헤매는 딸이 가엾다 매일 눈물 흘리더니 사진도 보지 않고 강아지를 집에 데리고 오자는 엄마도 이상하다. 그렇게 가족이 되려고 말이 안되는 상황이 일사천리 진행된 것이다.

사실 입양할 생각이 전혀 없었던 것은 아니다. 내 생활도 안정적으로 바뀌면서 안타까운 사연의 아이들을 데려오려고 할 때마다 이상할 정도로 일이 생겼다. 그때마다 이렇게 바쁜 내가 무슨 강아지냐 혼자 자신을 이해시켰는데, 나중에 돌이켜 생각해보니 하늘은 나와 마루를 만나게 하기 위해 시간을 미루었던 것이다. 그냥 평범한 삶이 아닌 극적인 순간에 만난 마루를 통해 나는 회복되었고, 다시 일상으로 돌아올 수 있었다. 마루가 없었다면 불가능한 일이었기에 '기적'이라 생각하게 되었다.

처음 마루를 입양한 날이 아직도 생생하다. 강아지에 대한 지식도 없으면서 낯설어하는 강아지를 데리고 바로 집에 들어가서는 안될 것 같았다. 지금은 운전도 할 것처럼 차에 익숙하지만 처음에는 침까지 질질 흘리며 불안해하는 강아지를 데리고 아파트 단지를 돌았다. 정말로 간만의 산책인 듯 발걸음까지 빨라져 한강 산책로까지 가게 되었다. 오랜만의 산책에 열심히 냄새를 맡고 다녔다.

"잘했어 언니. 좀 안정이 되었겠네."

다음날 걱정되어 찾아온 김태은 작가가 같이 산책을 나서며 말했다.

"그 집에서 연락 왔어. 힘들면 바로 말하래. 데리고 가겠다고."

처음 일주일은 매일같이 후회했다. 배변판을 갈면서 '앞으로 10여 년은 매일 이 짓을 해야 하나…', 산책을 갈 때는 '이렇게 피곤한데 매일 아침저녁으로 시켜야 하나…', 사료를 줄 때는 '내 밥도 먹기 귀찮은데 매일 밥을 챙겨줘야 한다니…' 오만 생각이 다 들었다. 더군다나 하루하루 벼랑 끝에서 사는 느낌으로 버티고 있는데, 강아지를 어떻게 키울지 아득했다. 그런데 의사에 앉으면 이 아이, 동그란 머리를 내 무릎 위에 올려놓는다. 잠을 잘 때도 내 곁에 있다. 아무래도 자신을 그 집에서 데리고 온 나를 붙잡고 있어야 다시 갈 수 있다고 생각한 듯하다. 가만히 눈을 바라보니 단추같이 동그란 눈에 눈물이 가득했다. 울고 있었던 것이다.

그런 강아지를 위해 매일 산책을 나섰다. 산책만 나가면 웃고 있는 듯 보였기 때문이다. 이 아이와 친해질 방법을 찾기로 했다. 뭔가 하나라도 해결할 방법을 알고 있다는 사실에 위안을 받기도 했다. 검찰청에서 조사를 받고 밤 11시쯤 집에 와도 나는 강아지를 데리고 한

강을 걸었다. 그 다음날에는 아침 일찍 일어나 남산까지 가서 산책을 했다. 바쁘게 일을 하다가도 하던 것을 멈추고 산책을 했다. 내가 생각이 너무 깊어질 때쯤이 되면 강아지는 뒤돌아 나를 바라보았다. 천진난만한 얼굴로 바라보는 강아지에게 "좋니?"라고 말하면 나도 생각의 늪에서 빠져나올 수 있었다.

그렇게 걷다 보니 점차 주변 풍경도 보게 되었다. 어둠 속을 헤매던 뇌세포는 생각을 정리할 수 있게 되었고, 나 자신을 위로할 수도 있게 되었다.

"그래. 너를 위해서도 다시 시작해볼까? 우리 마루 밥값이라도 벌어야 하니까."

〈엑스맨〉의 울버린마냥 나의 상처는 눈에 띄게 빨리 회복되었고 기운을 차리기 시작했다.

"마루야, 아무래도 너는 주님께서 보낸 가브리엘 천사인가 보다."

3대 대천사가 있다. 가브리엘, 미카엘, 라파엘! 그중에서 백합을 들고 예수님의 탄생을 예고하고, 요셉에게 마리아를 아내로 받아들이라는 주님의 말을 전하는 가브리엘은 메신저 담당 대천사이다. 앞으로 유럽 여행을 가거나 명화를 볼 때 백합을 든 천사는 모두 가브리엘이라고 생각하면 된다. '그래. 이번에도 잘 넘길 거야. 그냥 대수롭지 않게 넘기자! 다들 더한 일도 겪고 살아'라고 내게 용기를 주기 위해 보내진 천사 같았다.

엉덩이를 바짝 붙이고 내 곁에 자는 그 녀석의 온기가 매일 악몽에 시달리는 나를 위로해주었다. 억울함에 눈물 흘리며 잠 못 이루는 밤에는 쌕쌕거리는 녀석의 숨소리로 다시 잠을 청할 수 있었다. 차에 올리고, 내리고, 목욕시키고, 산책시키고, 간식 챙기고, 대소변 뒤처리도 해줘야 하고, 아픈 곳도 챙겨야 할 만큼 아주 성가신 녀석은 고귀한 가족의 구성원이 되었다.

"그래. 내게 너는 가브리엘 천사 같은 존재다. 어! 가만히 있어보자. 원래 이름은 코코였으니 가브리엘 코코네."

소 뒷걸음치다 쥐 잡은 속담마냥 오래 전 모델 장윤주와 함께 낸 책이 베스트셀러까지 된 적이 있다. 그 책에서도, 이후에 낸 책이나 수많은 인터뷰에서도 샤넬을 언급한 적이 있다. 그런데 그녀의 풀네임이 '가브리엘 코코 샤넬' 아닌가. 누군가는 잘도 이어 붙인다고 초긍정 마인드라고 비웃을 수 있겠지만 그렇지 않다. 이 세상에는 단 한 순간, 한 가지도 우연이 없다는 사실을 신앙이 생기고 나서 깨달았다. 가슴 한구석이 따뜻해지는 순간이었다.

'아! 주님은 이렇게 나를 위로하시는구나….' 배신과 자책으로 엉망이 된 심장에 따뜻한 사랑을 전해준 소중하고 작은 털복숭이는 바로 하늘이 보내준 천사였다.

"이제부터 너의 이름은 가브리엘 코코 마루라고 하자!"

이후 어딜 가나 마루는 그냥 마루로 불려지진 않는다. 미들네임은 생략해도 가브리엘 마루라 불리운다. 건국대학교 병원에 한동안 다녀야 했을 때 민망한 일이 벌어지고 말았다. 수많은 강아지들과 보호자가 대기실에서 진료 순서를 기다릴 때 일이다. "가브리엘 코코 마루! 2번 방으로 들어가주세요"라고 간호사가 외치자 모든 사람들이 일제히 주위를 두리번거린다. 민망하긴 하지만 나는 천사를 보호하며 당당하게 진료실로 걸어갔다.

마루를 입양한 지 얼마 안된 어느 날, 럭키슈에트를 론칭했었고 현재는 에몽을 만든 김재현의 집에 놀러갔다. 그녀도 제타라는 강아지가 있어 '개엄마'로서 여러 정보를 듣고 싶었다.

"진짜 너무 웃긴다. 그게 풀네임이라고?"

평소 웃기도 잘 웃는 그녀는 마루의 풀네임을 듣고 자지러지게 웃는다. 그리고 바로 마루의 사진을 인스타그램에 올리고 이렇게 썼다. '가브리엘 코코 마루가 풀네임이란다.'

산책의 즐거움

나는 몰랐다. 세상이 그렇게 아름다운 줄은! 도시 한가운데서 그렇게 많은 새들과 꽃과 나무를 볼 수 있고, 만물의 탄생과 우주의 생명을 볼 수 있을 거라고는. 입춘부터 24절기에 맞춰 겨울은 겨울대로, 봄은 봄대로 모두 계절에 따라 얼마나 아름다운 옷을 입고 있는지 보아도 보이지 않았다. 계절에 따라 피는 크고 작은 꽃과 나무들의 변화를! 작은 동물과 새들과 다양한 곤충들의 움직임을 전혀 몰랐다. 나는 점차 파브르만큼 곤충을 관찰하고 식물의 변화를 보며 신기해했다.

윌리엄 워즈워스와 베토벤까지 수많은 작가와 음악가, 예술가들이 그래서 산책을 사랑했던 것 같다. 주변의 풍경을, 강을, 바다를, 산을, 물레방아가 있는 남산을, 농촌과 바다와 도심의 거리를 걷는 즐거움이 어떤지 마루를 통해 알게 되었다. 서울 속에 존재하는 자연을 발견하고는 놀라웠다.

'아낌없이 주는 사과나무'를 이야기한다면 너무 상투적이지만 새삼스럽게 다시 말해야겠다. 자연을 통해 깨닫게 된 진짜 나의 모습을 바라보며 상처를 회복하고 치유하는 과정을 마루를 통해 알게 되었다. 사실 내가 걷던 곳은 청담동, 밀라노, 파리와 뉴욕의 컬렉션장이나 촬영장 아니면 백화점이었다. 촬영장이 아닌 곳은 꼬르소꼬모에서 갤러리아 백화점에 건너가기 위함이었다. 그러나 마루와 함께하며 일상의 거리를 걸어야 했고, 자연을 봐야만 했다.

나는 걷는 것을 좋아한다. 그러나 한국에서는 일에 치여 그럴 시간도 없어 그나마 해외를 가야 호텔 근처 골목이나 공원을 산책하는 것이 고작이었다. 그러나 마루와 함께 강제적 산책을 시작하게 되면서 점차 '산책의 기쁨과 즐거움'을 알게 되었다. 그리고 그 과정을 통해 결국 자연은 신과 동일하다는 것을 깨달았다.

한처음에 하느님께서 하늘과 땅을 창조하셨다

_ 창세기 1:1

마루가 우리 집에 오고 며칠 뒤에 입양을 주선한 김태은 작가가 집을 찾았다.

"나는 입양시키면 항상 그 집에 가서 여러가지 정보를 알려줘. 언니도 예외는 아니지. 특히 산책하는 방법을 알려줄 거야. 강아지에게 있어 산책은 정말로 중요한 일이거든."

개통령 강형욱이 여장을 하고 온 줄 알았다. 반려동물과의 동거를 시작하는 나에게 요모조모 알려주기 위해 그녀는 같이 산책을 나섰다.

"언니. 마루 머리가 좋은가봐. 계속 돌아보면서 언니하고 눈을 마주치네. 금방 교감할 수 있는지는 냄새 맡는 모습만 봐도 알 수 있어."

집에서 혼자 지냈다는 마루를 웬만하면 혼자 두기 싫어 가능한 회사에 데리고 나갔다. 간혹 부득이한 경우에 동물병원이나 강아지 유치원에 맡기면 한결같이 선생님들이 말한다.

"마루는 엄청난 호기심쟁이에요. 낮잠을 안 자고 계속 놀아요."

'선생님들이 딱 싫어하는 스타일의 학생이구나' 걱정이 되면서도 학교에서 선생님에게 칭찬을 받은 학부모마냥 기분이 좋았다. 처음에 의례적으로 하는 칭찬인가 싶었지만 정말로 머리가 좋은 모양이다. 강아지 도사같이 모든 걸 다 아는 김태은 작가가 그런 말을 하는 것을 보니.

"그렇기 때문에 산책을 더 꼭 시켜야겠어! 마루를 위해서도 필요하지만 산책을 시켜야 언니와 마루가 빨리 교감할 수 있게 될 거야. 산책을 많이 못한 개들은 지능도 떨어져. 그리고 무엇보다 강아지가 스트레스가 쌓이면 결국은 언니가 힘이 들게 돼. 그러니 충분하게 산책을 시켜줘."

강아지가 스트레스가 쌓이면 이상 행동을 보일 수도 있다는 것이다. 그렇게 되면 뒷일은 보호자인 내 책임이라는 이야기다.

입양한 첫날, 굉장히 불안해하는 마루를 데리고 동네 한 바퀴를 돌았다. 알고 그랬던 것은 아니나 입장을 바꿔 생각을 해봐도 무작정 낯선 집으로 들어서는 것보다 산책하며 마음을 안정시켜주는 것이 좋을 거라 판단했기 때문이다. 산책 때문인지는 몰라도 마루는 점차 안정되어갔고, 지능도 점점 높아지는 듯했다. 나는 그 모든 것이 '산책의 힘'이라고 굳게 믿기 시작했다. 왜냐하면 같이 걸으면서도 마루는 하루가 다르게 변했기 때문이다. 산책할 때 특히 마루는 꼭 뒤를 돌아 나와 시선을 마주쳤다. 그럴 때마다 나도 마루에게 점차 말을 건네기 시작했다.

마루의 기분을 묻거나 때로는 속마음을 말하는 일도 늘어났다. 알아 듣든 아니든 간에 그렇게 마루와 대화를 나누며 걷는 산책으로 인해 나에게도 많은 변화가 일어났다. 아침 산책에는 전날 일에 대해 생각을 정리하고, 저녁 산책에는 그날 하루를 정리하며 내 마음을 다독였다. 그것은 엄청난 마음의 안정을 가져왔다. 살면서 생각지도 못했다. 집에 들어오면 세수하고 샤워는 했지만 하루 동안 상처받고 지쳐 있는 나의 어리석은 마음은 깨끗하게 닦아줄 생각은 못했다. 그냥 바쁘게 살기만 하던 나에게 산책은 다음을 재정비하는 멋진 시간이 되었다.

나는 꽤나 루틴한 사람이다. 매일같이 새벽에 일어나 미사를 드리고, 일기를 쓰고, 운동을 하고, 출근 준비를 한다. 더 부지런했던 때는 매일 아침 수영과 필라테스까지 한 적도 있다. 오히려 나의 경우에는 나이가 들면서 점차 게을러진 편이다. 처음 마루와의 산책은 반강제적인 의무감에 의한 행위였다. 그러나 점차 마루를 진심으로 사랑하게 되면서 산책은 매일 기도처럼 성스럽고 고귀한 시간이 되었다. 그리고 무엇보다 마루에게 내가 줄 수 있는 최상의 선물 같은 의식이 되었다.

유년기부터 새벽 기상이 몸에 배어 있어 일찍 일어나는 것은 문제가 되지 않았다. 그러나 마루에 대한 마음이 커지면서 모든 일상을 '마루에 의한, 마루를 위한, 마루의 스케줄'에 맞추기 시작했다. 그렇게 시작한 산책은 새벽 산책과 저녁 산책까지 매일 두 번으로, 많이 할 때는 낮까지 합쳐 하루 세 번에서 네 번 산책을 한다. 해외 출장을 가서도 새벽에 일어나 주변을 산책한다. 이국적인 풍경을 즐기는 것도 있지만 원체 호기심이 많은 성격이라 동네를 이리저리 탐색하는 것을 좋아하기 때문이다. 그런데 산책하는 것까지 나와 비슷한 듯 마루는 정말로 꼼꼼하게 이리저리 냄새를 맡으며 체크하는 것을 보니 그것마저도 행복하다.

처음은 그저 아파트 주변을 맴돌았다. 사실 아파트가 그렇게 생겼는지 몰랐다. 수국과 모란이 그렇게 빛나게 피어나는 줄 몰랐다. 길냥이도 항상 그 자리에 있는 아이들이 모두 달랐다. 그렇게 익숙해지다 한강가로 나가 걷기 시작했다. 처음엔 1km 걷던 거리도 2km, 3km씩 늘어났다.

한강도 마찬가지이다. 우리나라 한강이 그렇게 아름다운 줄 몰랐

다. 서울 시내에 이런 강이 있다는 사실이 새삼 매우 놀라웠다. 새벽의 한강은 고요하지만 아침 일찍 움직이는 사람들로 활기차다. 성수대교와 동호대교 밑으로 흐르는 물이 반짝거린다. 절기마다 한강의 느낌도 달라진다. 날아와 목을 축이며 쉬는 새도 계절마다 다르고, 피는 꽃과 식물도 다르다. 언제나 그 자리에 있는 나무와 흐르는 물도 달의 모양이나 해의 위치에 따라 달라진다. 보름달이 뜨는 한강은 그림처럼 아름답다.

아그라의 밤처럼 여름 밤은 화려한 축제 같다. 성수대교나 반포대교의 조명이 강가에 비쳐 너울거리고 한여름에는 분수도 틀어준다. 강 한가운데에 유람선이 떠갈 때는 마치 파리의 센강을 떠올린다. 아파트 천지라고 해도 어떻게 서울 시내에서 이렇게 아름다운 강을 매일같이 바라볼 수 있는지 감동스럽기까지 하다.

내가 사는 곳에서 길을 따라 쭉 내려가면 서울숲이 있고 반대쪽을 따라 올라가면 한남대교, 반포대교까지 걸어갈 수 있다. 뚝섬 쪽 한강은 오리배도 떠 있고 공원도 있다. 잠원동, 압구정동, 잠실 쪽의 한강부터 마포 쪽의 한강까지 우리는 그렇게 시간이 되면 여러 지역의 한강을 탐색했다. 그러다 보니 한강이 역사적으로 얼마나 중요한 지역이며 역할을 했는지도 알게 되었다. 마루가 없이는 죽는 날까지도 모를 수 있던 일이다.

해마다 두모포 축제가 열리는데 몇해 전에는 '출정 600주년' 기념을 맞이하여 옥수역 쪽 한강 지역에 두둥실 커다랗게 제작된 어느 작가의 풍선 인형 작품이 전시되어 사람들을 기쁘게 했다. 두모포는 현재 옥수동 동호대교 북단에 있던 조선시대 포구였다.

《조선왕조실록》에 따르면 세종 1년 경에 계속되는 왜구의 침략에 대마도를 선제 공격하자 왕이 의견을 냈지만 신하들은 거세게 반대했다. 그러나 신념을 가지고 왕은 여덟 명의 장수를 모아 출정 명령을 내렸는데, 그때 두모포에서 출발하여 간 장수들이 대마도 정벌을 승리로 이끌었다고 한다. 마루와 함께하니 별의별 역사 상식도 생긴다.

남산은 또 어떠한가. 여태 살면서 남산 갈 일이 거의 없었다. 남산타워는 자유의 여신상마냥 멀리 보이는 엽서 같은 존재였다. 패션쇼나 명품 브랜드 행사 차 그랜드하얏트호텔이나 남산타워에 가본 적은 있다. 내게 있어 남산은 명동이나 을지로를 가기 위한 지름길 그 이상도 이하도 아니었다. 자다가도 벌떡 일어날 정도로 남산을 좋아하는 마루를 위해 일주일 동안 제대로 놀아주지 못한 것을 보상해주는 차원으로 주말 새벽에는 계절에 상관없이 남산에 가게 된 지 벌써 7년이 지났다. 이곳은 계절과 시간별로 얼마나 아름다운지! 새벽은 새벽대로 아름답고, 한밤은 한밤대로 아름답고, 비가 오면 비 오는 대로, 눈이 내리면 눈 내리는 대로 아름답기 그지없다.

봄에는 꽃눈도 내린다. 개나리부터 진달래까지 만발하며 봄이 왔다고 찬란히 지저귀고 나면 벚꽃이 흐드러지게 꽃눈을 내린다. 여름에 비가 오면 모든 초록들은 더 짙어지고 아름다운 향으로 푸르르다.

가을이 되면 이건 매 순간이 감동이다. 단풍과 은행, 모든 나무들이 화려하게 옷을 차려입는데 메트로폴리탄 뮤지엄에서 하는 '보그 갈라쇼'는 저리 가라이다. 여기저기 레드 카펫이 깔려 아카데미 시상식까지 갈 필요도 없다. 바닥은 단풍잎으로 온통 붉은 카펫이 지천에 깔리니 말이다.

'똑똑똑!' 새벽에 길을 걷다가 어디선가 들려오는 노크 소리에 대답이라도 해야 하나 둘러보면 딱따구리가 나무를 쪼고 있다. 딱따구리가 웬말인가. 남산에는 천연기념물로 지정된 황조롱이, 새홀리기부터 박새 등 여러 종류가 있는데 쇠딱따구리, 큰오색딱따구리, 오색딱따구리 등 무려 세 종류의 딱따구리가 서식한다고 한다. 내게 노크를 한 딱따구리가 누구인지 모르지만 신기하기 그지없다.

새벽에 사람들이 없을 때 길을 걷다 보면 갑자기 나타나는 분이 있다. 이분은 나를 무서워도 않고 우아한 발걸음으로 길을 가로질러 숲으로 사라진다. 바로 '꿩'이다. 총총총 걸어가는 그 모습이 어찌나 도도한지 마루도 황당하여 빤히 쳐다본다. 도대체 사람들이 있을 때는 모두 어디에 숨어 있는지. 어린 아기 참새도 남산에서 처음 본다. 아직 제대로 날지 못하고 길을 잃은 아기 참새가 종종걸음으로 걸어가는 모습이 신기해 가까이 가면 온갖 참새 이모들이 난리가 난다. '저리 비켜 짹! 지금 개 걸음마 중이라는 짹!' 아장아장 걷는 아기 참새가 엄마와 상봉하는 장면까지 놓치지 않고 목격한다.

아침 일찍이 그래서 좋다. 사금을 채에 걸러내듯이 새벽에는 순수한 결정체같이 아름다운 존재들이 돌아다닌다. 마루와 함께 거닐다 시선을 조금만 위로 하면 올라갔다 내려왔다 난리 난 다람쥐까지 볼 수 있다. 센트럴파크만큼 크지는 않아도 남산 또한 꽤나 산책로 구성을 아기자기하게 해놓았다. 〈와호장룡〉의 도인들이 등장할 것 같은 대나무길과 이끼로 멋을 낸 모스가든을 걷다 보면 피톤치드로 내 몸은 물론 마음까지 정화되는 기분이다. 아이들의 야외 학습장은 물론 물레방아가 있는, 상수도로 만든 시냇물 소리를 '졸졸졸' 서울 한가운데서 어떻게 들을 수 있겠는가. 시냇물에는 각종 양서류와 물고기가 있어 참으로 기쁘다.

주변에 외국인이 많은 동네라서 그런지 런던의 하이드파크나 뉴욕의 센트럴파크 같은 풍경도 연출된다. 선글라스 끼고 러닝하는 사람들부터 강아지와의 산책을 즐기는 사람들도 많다. 그런데 특이한 점은 외국인들과 산책하는 강아지들은 누가 봐도 유기견으로 추정되는 믹스견들이 많다. 물론 털이 길고 특이한 품종의 대형견을 너댓 마리 키우는 사람들도 있지만 대부분이 믹스견이다. 그럴 때면 사료 한 포대라도 선물로 나누고 싶은 고마움과 미안함에 지나가며 그들을 위해 화살 기도를 드린다.

마루는 모든 나무와 꽃들의 냄새를 확인하고 친구들을 만나면 담소를 즐긴다. '친구'라는 단어까지 인지할 정도로 친구를 좋아하는 마루가 상대방과 담소를 나누면 그냥 서 있기도 뭐해 영어 한마디라도 떠들어본다. 강아지들은 서로의 배경을 묻지 않고 잘도 사귄다. 입양된 친구라고 왕따시키지도 않는다. 겁이 많은 친구는 오지 말라 악악거리지만 무시는 아니다. 그렇게 다양한 친구가 있는 남산을 마루는 참 좋아한다.

"남산 갈까?"라고 말하면 자다가도 벌떡 일어나 꼬리를 프로펠러처럼 윙윙대며 끙끙거리기 시작한다.

유난히 남산을 좋아하는 이유는 잘 모르겠다. 다른 곳에 비해 한적해서인지 그랜드하얏트호텔 쪽으로 향할 때부터 창밖을 향해 낑낑거린다. '이보개! 남산 냄새 좀 맡게 창문을 얼릉 내려주시개.' 창문 너머 통해 들어오는 바람을 느끼는 듯하다. 어느 순간부터 매년 1월 1일 새벽에 남산에 가서 기념사진을 촬영한 것을 사람들에게 모바일 카드처럼 보내는 습관이 생겼다.

봄이나 여름에는 맨손체조하는 할머니, 할아버지로 분주하다. 가을이 되면 등산복을 입은 아저씨, 아줌마들이 산에서 내려와 통나무 식탁에 앉아 도시락을 먹는다. 그러다 떨어진 음식 한 번 주워 먹고 다음부터 꼭 통나무 식탁 밑을 노린다.

한 번은 초저녁 남산에 눈이 내리기 시작했다. 얕은 어둠이 눈과 함께 살포시 내려앉은 공원에는 아무도 없었다. 정말 드라마 세트장처럼 아무도 없는 공원은 하얗게 눈이 쌓여 참으로 고즈넉하고 아름다웠다. 리드줄을 잠시 풀고 달리기 시작했고 마루는 정말 기뻐 뛰었다. 평소 '마루 도령'이라는 별명이 붙을 정도로 흥분을 안 하는 마루는 그날만큼은 경주마처럼 뛰어다녔고 숨바꼭질까지 내게 청하였다(마루는 숨바꼭질을 참 좋아한다). 그렇게 한참을 〈러브 스토리〉 한 편 찍으며 우리는 기뻐했다.

눈이 내리는 남산에서의 추억은 이후 내 가슴 속에도 오랫동안 감동으로 남았는데, 아마도 마루의 기억 한켠에도 오래 남아 그렇게 남산을 좋아하는 것이 아닐까 싶다.

호기심 많은 마루가 제대로 산책도 못하고 집에 혼자 하루종일 있느라 참 많이 힘들었겠다 싶어 정말 열심히 산책해주었다. 나중에 바롱이를 키우면서 알게 된 것은 모든 개가 다 그렇게 산책이나 구경을 좋아하는 것은 아니라는 사실이다. 바롱이는 자기가 항상 다닌 산책로를 다 돌고 나면 바로 집에 가려고 한다. 벗어나는 것도 싫어한다. 그러나 마루는 언제나 아파트 밖을 열망하고, 미지의 세계와 새로운 전봇대에서 오줌을 싸고 싶어한다.

남산과 한강 외에도 마루가 좋아하는 곳 중에 하나가 바로 서울숲이다. 2003년에 만들어진 서울숲은 참으로 아기자기하다. 나비정원, 선인장정원, 꿀벌정원부터 다양한 콘텐츠로 구성된 서울숲은 한 번 가면 족히 3~4시간은 걸린다. 마루와 산책을 다니며 몰랐던 것들도 눈에 보이기 시작했다.

마루를 따라 걷다 보면 생각지도 못하는 곳에 다다를 때가 있다. 꽃사슴과 고라니가 있는 사슴공원은 봄이 되면 벚꽃이 흐드러지게 펴서 아름답다. 멀리서 사슴들이 마루를 보고 다가오면 마루는 외면한다. 마루는 자기와 너무 다른 종(예를 들어 갈라파고스 거북이 등)을 보면 무섭다는 듯이 모르는 척하기 때문이다. 동화 《파랑새》의 틸틸과 미틸의 작은 과자집 같은 통나무집도 멋지게 만들어줄 만큼 가을이 되면 서울숲도 역시 아름답게 변한다. 노란 절벽처럼 쭉 가로질러 있는 은행나무 숲은 가을 한창이 되면 정점을 찍어 온통 노랗게 된다. 도시락을 싸서 마루와 통나무 평상에 앉아 나무 구경을 하고 있으면 세상 부러울 것이 없다.

서래마을에 있는 몽마르트공원은 또 어떠한가. 마루와 함께 프랑스 파리에 가보는 것이 소원인 나로서는 몽마르트공원으로 만족할 때가 있다. 그래도 좋다. 밀집모자 쓴 고흐의 석상 앞에서 기념 사진도

촬영할 수 있으니. 봄에는 꽃이 아름답게 피고, 여름에는 르누아르 그림에서 그대로 튀어나온 석상이 장미정원에서 춤을 춘다. 특히 몽마르트공원에는 토끼가 살고 있는데, 보통 거북이나 사슴을 보면 외면하는 마루는 토끼는 친구하고 싶은지 쫓아간다.

양재천 거리는 마치 파리의 벵돔광장 앞 산책로처럼 웅장하다. 침엽수와 활엽수가 커다랗게 뻗은 나무 사이를 걷다 보면 아름다운 그림자가 길가에 길게 드리워진다. 그렇게 길게 나무 그림자 사이로 빛이 들어오면 마루의 하얀 등 위에 나뭇잎 그림자가 아름답게 생긴다. 애견 동반 카페들도 있어 마루와 함께 테라스에서 식사나 차를 하면 정말 좋다. 마루가 아니었다면 절대 걷지 않았을 양재천 거리에서 발견한 도자기 공방에 등록하여 물레를 찬 지 벌써 2년이 지나 생각지도 못한 취미를 갖게 되었다.

대학로 마로니에공원의 '마르세 시장'에서 만난 꿀건달 사장은 지금까지도 거래하는 관계가 되었다. 한강변을 걷다 마주하게 되는 일출과 석양, 계절별 나무색은 내가 지금까지 얼마나 우물 안 개구리처럼 세상을 살았는지 깨닫게 한다. '반강제적 어쩔 수 없는 의무감'으로 시작한 산책으로 인해 얼마나 많은 위로를 받았는지 어떻게 말로 표현할 수 있을까.

사실 내게 좋지 않은 일이 있던 그때조차도 마루와의 산책은 정말로 기적과도 같은 효과를 주었다. 밤 늦게까지 검찰청에서 조사를 받고 횡령한 직원의 어거지를 마주한 채 그냥 집에 왔다면 밤새 억울한 마음에 닭똥 같은 눈물만 흘렸을 것이다. 그러나 밤 늦게까지 오매불망 나만을 기다린 마루를 위해 참담한 마음으로 나가야 했던 한강 산책로에서 정신을 가다듬을 수 있었다.

분당에 위치한 율동공원 또한 아름답다. 1999년도에 개원한 율동공원은 잔디광장과 꽃동산길, 갈대밭을 비롯해서 45미터 번지점프대가 있는 곳이다. 나야 번지점프를 할 일은 없지만 호수를 둘러싸고 있는 길을 걷다 보면 외국에서 산책하는 기분이다. 호수를 바라보며 커피를 즐길 수 있는 카페 테라스에 앉아 있으면 다양한 마루 친구들이 와서 인사를 하기도 한다. 이곳은 주차장이 매우 넓고 강아지 운동장도 있어 많은 강아지가 산책을 한다. 분당구의 또 다른 명소는 바로 운중천 산책로로 벗꽃이 필 때면 장관을 이룬다. 특히 꽃눈이 흩날릴 때 판교를 거쳐 이매동에서 탄천과 합류하는 운중천 산책로를 걸으면 꿈만 같다.

마루와 생활하면서 꼭 찾게 되는 곳이 바로 펫페어이다. 강아지 사료와 간식부터 건강 보조제, 다양한 반려동물 용품을 저렴한 가격에 구매할 수도 있지만 유통업에 관련된 직업상 좋은 브랜드를 찾기 위해 전에는 관심 없던 펫 용품을 보러 일부러 펫페어에 항상 가는 편이다. 코엑스에서 할 때는 괜찮지만 송도에서 할 때는 큰맘 먹고 가

야 한다. 한 번은 생일날 기분도 울적하여 아침 일찍 일어나 마루와 함께 송도 전시장으로 향했다. 마치 뉴욕 맨해튼과 홍콩 시티를 옮긴 듯한 송도에서 펫페어를 구경하고 근처에 위치한 송도 센트럴파크에서 산책을 한다. 인공 호수를 끼고 커다란 빌딩 숲 사이로 걸으면 마루와 같이 홍콩이라도 여행 간 느낌이 든다. 송도는 이외에도 달빛 축제 공원의 도그파크가 있어 한 번쯤 꼭 방문하고 싶다.

남산 이름만 들어도 자다가도 일어나는 마루다. 실제로 한 촬영장에서 나의 이야기를 들은 감독님은 확인하고 싶다고 새벽에 '남산'이라고 외쳐 마루를 달래야 했다. 그러나 어디서 산책하든 마루는 크게 상관없는 듯하다. 녀석은 나와 같이 걷는 시간을 좋아하기 때문이다. 회사가 서울 논현동에 위치한 관계로, 일을 하는 중간에 학동공원을 거닐 때도 마루는 즐거운 듯이 보인다.

커다랗고 새하얀 머리통의 마루는 사람들의 칭찬을 받는 것을 좋아하는 '인싸 강아지'이다. 그런 마루는 걷는 내내 수시로 나를 확인하는데, 마루의 얼굴을 보며 따스한 감정을 느낀다. 만약 지옥에서 지상까지 걸어가는 동안 아내가 무사한지 확인하면 안 되었던 오이디푸스가 된 마루였다면 바로 '괜찮아?' 하는 얼굴로 뒤돌아 보고 지옥길을 나서자마자 아내를 다시 하데스에게 빼앗겼을 것이다. 내 얼굴을 조금이라도 확인하기 위해 돌아보는 마루를 보며 "그래. 나 여기 있어. 맛있는 거 사줘야 하니까 힘내자! 마루야"라며 어려운 시간도 견딜 수 있었다. 고통스러운 시간을 무방비 상태로 홀로 받아냈을 상황을 상상하면 지금도 아찔하다.

마루가 우리 집에 와서 맞이한 첫 겨울은 앞으로 사는 동안 다시는 돌이키고 싶지 않을 만큼 힘들었지만 그해 마지막 날은 행복하게 보냈다. 적어도 내 상황은 그렇지 못함에도 불구하고 어머니와 나, 마루는 크리스마스 트리 앞에서 캐롤을 들으며 다음 해를 기약했을 정도다.

"마루가 아니었다면 우리는 지금 울고 있었겠지. 정말 다행이다. 마루가 우리 집에 와서…"

정말 천사가 왔다며 어머니는 울면서 마루를 힘껏 껴안아주었다.

Maru's TIP

벌에 쏘였을 때 응급 처치

철원에 있는 벌농장에 갔는데 갑자기 마루가 깨갱하며 울부짖었다. 평소 말이 없는 아이라 놀라서 다가가니 이미 눈 주변이 부어 있었다. 벌에 물린 것이다. 다행히 벌농장 사장님께서 벌침을 찾아내어 뽑아주시고 약을 발라 냉찜질을 계속해주었지만, 강아지가 벌에 쏘이는 것은 위험한 일이다. 특히 아나필락시스 쇼크 증상이 나타나면 재빨리 병원으로 가야 한다.

아나필락시스 쇼크 증상

1 기도 점막이 붓기 때문에 호흡이 곤란해진다.

2 잇몸, 입술이 파랗게 되는 청색증이 발생한다.

3 경련, 몸이 늘어지거나 의식을 잃게 될 수도 있다.

4 구토나 설사를 일으킨다.

응급 처치 방법

1 벌이 쏘인 부위를 확인하고 먼저 침을 제거한다.

2 쏘인 부분을 물로 깨끗이 씻어준다.

3 붓기를 없애기 위해 냉찜질해준다.

4 벌침을 찾지 못했을 경우는 가까운 병원에 간다.

먹보 마루 선생

마루로 말할 것 같으면 엄청난 식탐의 소유자이다. 처음 우리 집에 와서 슬프고 긴장되고 낯설어 다른 강아지들 같았으면 구석에 있었을지도 모르지만 마루는 남달랐다. 그렇게 슬픈 눈을 하다가도 어머니가 치킨을 시켜 드시자 그 옆에 딱 달라붙어 슬픈 얼굴은 온데간데없이 강렬한 시선으로 바라보았다.

한참 뒤에 바롱이가 우리 집에 처음 왔던 때를 생각하면 마루의 식성과 식탐이 대단하다는 것을 알 수 있다. 바롱이를 처음 집에 데리고 왔을 때는 몇 일간 사료를 먹지도 않고 구석에 앉아만 있어 걱정스러웠다. 그런데 마루는 먹을 것만 보면 웃는 얼굴이 되어 적극적으로 들이댔다. 나와 어머니가 무언가를 먹을 때마다 마루의 강렬한 눈빛을 아주 곤혹스러워했다.

'나도 한입만 주시개. 웅? 나도!' 김장철에 온 마루는 부엌에서 틈을 보다 막 김장을 끝낸 김치 한 포기를 입에 물고 냅다 도망갔다.

"무슨 개가 김치를 먹어! 너 그러다 탈 나면 어쩌려고 그래!"

어머니와 나에게 엄청 혼나고서 방에 들어가 잠든 마루의 입 주변은 고춧가루로 붉게 물들어 있었다. 김치는 아주 귀여운 도둑질에 불과하다. 〈웬만해선 그들을 막을 수 없다〉 시트콤만큼 웃긴 레전드 사건이 있다. 바로 '꽁치 납치 사건!' 어머니가 꽁치를 베란다에 말리는데 숫자가 모자라 마루를 바라보니 아무렇지도 않은 듯이 태연하게 몸을 동그랗게 말고 우주선 집에 앉아 있더란다. 저렇게 한자리에서 오랫동안 앉아 있을 리가 없다고 생각한 어머니가 가까이 다가가니 비린내가 진동하여 집에서 안 나오려는 마루를 억지로 내보내고 안을 들여다 보다 먹다 남은 꽁치 반 마리를 발견했다. 그래도 꽁치 숫자가 모자라 혹시 몰라 깔아준 담요를 들쳐보니 그 안에 꽁치 한 마리가 버젓이 누워 있어 어머니가 놀라 뒤로 자빠질 뻔한 이야기는 가족은 물론 주변 사람들 사이에서도 전설처럼 내려온다.

그러나 마루의 식탐이 결국 심각한 병으로 발전될 줄 알았다면 처음부터 조심했을 것이다. 강아지에 대한 정보나 지식 없이 단순 충동으로 입양하게 되면 사람이나 동물이나 모두 힘들어진다는 사실을 그때 깨달았다.

마루는 아무리 낯선 곳에서도 간식만 주면 넙죽넙죽 잘도 받아먹는다. 산책 때도 그렇고 평소 행동도 나무늘보마냥 느릿느릿하지만 음식 앞에서는 하이에나보다 집요하고 레오파드만큼 빠르다. 마루의 식탐을 알게 된 후부터는 모든 음식을 식탁 위에 올려두는데 그것도 안전한 방법은 아니라는 사실을 얼마 지나지 않아 깨닫게 되었다.

지금은 웬만해서 마루를 혼자 두고 외출하는 일이 없지만 처음에는 집에 두고 잠시 외출을 하던 때가 있었다. 그런데 어느 날 집에 와 보니 분명 식탁 위에 있어야 할 고구마나 간식은 온데간데없이 사라졌고, 빈 바구니는 내동댕이쳐져 있는 것이 아닌가. 마루는 태연한 얼굴로 우리를 바라본다. '나는 이렇게 조용히 있었개!' 의자도 식탁 안쪽으로 바짝 붙여놔서 올라갈 수 없었을 것 같았다. 그런데 식탁 의자가 비스듬히 놓여 있다. 길이가 꽤 긴 벤치 형태 나무 의자 다리에 발톱 자국이 깊게 파여 있었다. 마치 호랑이가 나무에 올라가기 위해 낸 상처마냥 그렇게 수없이 많이 파인 흔적을 보는데 기함하고 말았다. 식탁 위에 있는 간식을 얻기 위해 마루는 의자를 밀어야 했는데

무거우니 아마도 의자를 발로 밀어냈을 것이다. 발톱이 빠지지 않은 것이 다행이다. 어디 그뿐인가.

한 번은 조용히 식탁 밑에 앉아 있는데 마치 알을 품은 오리마냥 손을 가슴 밑으로 하고 왔다갔다 하는 어머니와 나를 바라보기만 했다. 하던 일을 끝내고 각자의 방으로 들어가며 "웬일로 그렇게 얌전하게 앉아 있으셔?"라며 칭찬까지 해주었다. 그런데 거실에서 갑자기 비명 소리가 들렸다.

"너 이건 또 언제 훔쳤어!"

뛰쳐나가보니 삶은 달걀 껍데기가 반이 까져 나뒹굴고 있었다. 어머니는 범인을 긴급 체포한 사람처럼 흥분하여 말했다.

"아니, 신문을 읽는데 어디서 사각사각 소리가 나는 거야. 그래서 나와봤더니 얘가 달걀을 이로 까고 있는 거 있지!"

아직도 입수한 경로는 미제 사건으로 남아 있지만 우리 가족들 사이에서 지금까지도 회자되는 또 하나의 전설이다. 사실 그 이야기가 전설이 된 이유는 삶은 달걀을 획득하고 어머니와 내가 방으로 사라질 때까지 달걀을 오리마냥 가슴에 품고 시치미를 뗀 채 완전 범죄를 꿈꿨다는 것이다. 마루는 속임수도 아는 아이였다.

식탁 위에 아무 것도 올리지 않게 되자 이번에는 더 기함할 일이 벌어졌다. 사실 외출이라고 해도 성당에 다녀오는 정도로 하루종일 비운 적도 없다. 그런데 마루는 그 사이를 못 참고 일을 저질렀다. 믿지 않겠지만 싱크대 서랍을 열고 설탕을 퍼먹은 것이다. 싱크대의 가장 밑에 있는 커다란 서랍장에 문제가 생겨 조금씩 앞으로 빠져나와 있는데, 마루는 그 틈을 놓치지 않았던 듯하다. 살짝 벌어진 사이에 발을 넣고 서랍을 여니 그 안은 환장 대파티를 열고도 남을 5kg 설탕 포대가 있었던 것이다. 설탕 봉지 정도는 대수롭지 않게 뜯을 수 있었는지 반 이상이 사라졌다. 집에 돌아와 설탕가루가 모래사장처럼 바닥에 펼쳐져 있는 것을 보고 얼마나 놀랐는지. "흑설탕이라 괜찮을 거야"라며 어머니는 말도 안되는 위로를 해주었다.

고장 난 서랍도 고쳤다. 식탁 위에 물건도 더 이상 올려두지 않았다. 그러자 이번에는 어머니의 가방을 노리게 되었다. 이리저리 승냥이처럼 먹을 것을 찾다 보니 어머니 가방 속에 뭔가 달콤한 냄새가 났었나 보다. 초콜릿이나 사탕을 연신 입에 달고 사는 어머니의 가방은 마루에게 있어 보물상자였던 것 같다. 처음엔 열린 가방 안에 얼굴을 박고 초콜릿을 찾아 먹었다. 아이 교육 때문에 부부 싸움하는 것처럼 어머니와 나는 그 일로 몇 번을 다투게 되었다.

"그럼. 지퍼를 잘 잠가야지. 가방 단속을 안해서 애가 먹게 만들어!"

나의 볼멘 목소리에 미안한 듯 집 안에서도 가방 지퍼를 꼭 닫았지만 그마저도 소용이 없었다. 마루가 지퍼 여는 법을 알게 되었기 때문이다. 지퍼 손잡이를 물고 발은 가방 양쪽을 붙잡고 거침없이 가방을 열게 된 것이다. 그리고 자신이 원하는 것을 획득하고 유유히 의자 밑으로 사라졌다.

"나 이제 초콜릿 안 먹겠어!"

결국 어머니는 '금초'를 외치며 초콜릿을 먹지 않겠다고 선언했다.

종종 맡기는 유치원이나 동물병원에서 죄송하다는 말을 듣게 된다.

"의자에 걸어둔 가방 지퍼를 열고 샌드위치를 먹었어요. 죄송합니다."

부주의로 인한 점을 사과하는 상대방에게 오히려 내가 사과해야 할 일이었다.

"아이 버릇을 잘못 들였어요. 정말로 죄송합니다."

그나마 병원 원장님과 유치원 선생님은 먼저 사과하지만 주차장 소장님이 실내에 잠시 놔둔 가방의 지퍼를 열어 빵을 먹은 날은 쥐구멍에라도 숨고 싶은 심정으로 변상까지 해드렸던 기억이 있다. 그렇게 마루의 작은 도둑질을 사과하면서도 건강이 정말로 걱정되기 시작했다.

마루의 식탐으로 인해 발생한 레전드 사건은 이후에도 가족들 사이에 웃음을 주었지만, 이로 인해 결국 건강에 문제가 생기고 말았다. 어느 날부터 마루는 평상시에 비해 물을 두세 배 이상 마시게 되었고, 그로 인해 소변 양도 엄청나게 늘었다. 초대형으로 배변패드를 갈아도 넘쳐날 뿐 문제는 심각해져갔다.

이상한 마음에 병원에 가보니 당뇨 진단을 받게 되었다. 청천벽력 같은 소리였다. 사실 마루의 식탐은 타고난 것도 있겠지만 처음 아기 마루였을 때 잘못된 교육과 심리적 영향이 있었을 거라고 병원에서는 말한다. 마루는 원래 보호자의 건강 문제로 인해 오랫동안 혼자 집을 지켜야 할 때가 많았던 것 같다. 마루는 머리가 좋다. 호기심도 많기 때문에 충분치 못했던 산책과 외로움으로 인해 먹을 것에 집착하게 되었을 것 같다는 병원 원장님의 설명이었다.

처음 마루를 입양할 때 일이 떠올랐다.

"애는 착한데 말썽쟁이라서요. 문제가 생기면 언제든지 연락을 주세요."

처음에는 그 말에 의아해했지만 이제 와 추측해보니 외출하고 돌아오면 분명 사고를 친 마루의 모습을 여러 번 발견했을 것이다. 하루 종일 혼자 집에 남겨진 마루는 쓰레기통이든 뭐든, 심지어 문도 열고 사료까지 훔쳐 먹지 않았을까 싶다.

"산책을 제대로 시키지 않으면 언니가 더 힘든 일이 생길 거야"라는 김태은 작가의 말도 생각났다. 어느 날 어머니와 담소를 나누고 있는데 툭툭 소리가 나 돌아보니 녀석이 간식을 넣어둔 플라스틱 통을 열기 위해 이리저리 돌리고 있었다. 마치 큐브를 풀기 위해 전전긍긍하는 아이처럼 플라스틱 통을 굴리고 있었다. "백날 노력해도 그것만은 열지 못할 걸" 하고 웃으며 다시 이야기를 나누다 문득 조용해진 마루를 돌아보니 플라스틱 통을 손에 든 채 잠이 들어버렸다. 그 모습이 어찌나 귀여운지 한참 웃었다.

생명을 입양한다는 것은 인형을 사는 것과 다르다. 하다못해 인형도 관리를 제대로 잘하지 못하면 어느 순간부터 꾀죄죄하게 유령 인형처럼 변하게 된다. 동물은 인형이 아니다. 가끔 '인형처럼 귀엽다'라는 말을 들을 때 그리 기분이 좋지는 않다. 마루를 입양하고 겪게 된 기쁘고, 슬프고, 화가 나고, 어이없고, 힘든 여러 일들을 경험하고 동생과 지인들에게 전화를 한 적이 있다. "그동안 정말로 힘들었겠다. 애 키우면서 일까지 하니 얼마나 힘들었어"라고.

마루가 당뇨병에 걸리고 나서는 일절 간식을 끊어야 했다. 그리고 병원에서 알려준 당뇨 사료와 닭가슴살, 브로콜리, 오이 등의 자연 식단으로 바꿔야 했다. 다이어트를 위해 식단 조절을 했던 때보다 더 철저하게 마루를 위해 맞춰나갔다.

Maru's TIP

마루의 건강 챙기기

닭가슴살

단백질을 비롯해 영양 성분을 많이 함유하고 있으며 기초대사량을 높여준다. 근육 성장을 돕고 치아와 뼈의 성장에도 중요한 역할을 한다. 마루에게는 한 번에 120g 정도의 양을 꾸준히 먹이고 있다.

달걀

삶은 달걀 1개를 4등분해서 준다. 완전식품으로 불릴 만큼 영양이 풍부한 달걀에는 근육 생성을 돕는 필수 아미노산과 각종 비타민, 칼슘, 철분, 아연 등도 함유하고 있어 매우 좋다. 단, 너무 많은 양을 주지 않도록 주의해야 한다.

연어

단백질과 오메가3 함량이 많고, 근육 염증 수치를 없애기도 하는 기적의 생선이다. 삶아서 주거나 사료에 섞어주기도 한다.

비트

근육의 에너지 생성을 늘려주고, 혈류량을 높여준다. 근력, 지구력에 좋은 비트는 싱싱한 상태로 주면 아삭아삭해 맛있는 과일보다 잘 먹는다.

토마토

'토마토를 많이 먹으면 의사가 필요 없다'는 이탈리아 속담처럼 토마토는 최고의 식재료이다. 당뇨를 가진 마루에게도 꾸준히 챙겨 먹이는데, 토마토를 살짝 익혀 껍질을 벗겨 으깨준다. 무기질 함유량이 풍부하고 항산화 물질과 카로티노이드가 많아 근육에 산소 공급을 한다.

퀴노아

강아지 간식으로 쿠키를 만들 때 좋은 식재료로, 저칼로리에 고단백질이다. 또한 베타카로틴, 식이섬유, 철분, 칼슘이 풍부하여 퀴노아와 단호박을 삶아 으깨서 오븐에 구우면 더 이상 좋은 먹거리가 필요 없다.

고구마

베타카로틴, 섬유질, 엽산이 풍부하다. 단맛이 나므로 강이지들은 모두 좋아한다. 찐 고구마는 당이 높아 삶은 고구마를 추천한다.

브로콜리

근육 생성에 좋은 브로콜리를 마루에게 거의 매일 먹이고 있다. 마루는 브로콜리 꽃부분부터 줄기까지 다 잘 먹지만 바롱이는 줄기만 먹는다. 두꺼운 부분을 잘라내고 속부분을 삶아 채썰어 사료에 섞어준다.

베리류

항산화 작용으로 잘 알려진 베리류 과일은 인간이나 동물의 건강에 참 좋다. 당 수치도 적고 GI 수치도 낮아서 오히려 당뇨에 도움이 되는 과일이다. 마루는 블루베리 한두 알을 주면 열심히 오독오독 깨물어 먹는다.

과일

수박의 경우에는 당분이 덜 있는 껍데기 하얀 부분에 가까운 쪽으로 준다. 바나나, 딸기, 망고도 자주 챙겨 먹인다.

2

마루와
세상 구경

혼자 하는 여행에도 즐거움이 있다.
그런데 이제는 그 즐거움이 배가 되었다.
마루와 함께 여행을 떠날 수 있게 되었기 때문이다.
바삐 서두르기보다는 잠시 쉬고 머무르며
나는 세상의 이곳저곳을 바라볼 수 있게 되었다.

마루와 함께한 여행

감히 미국을 대표하는 대작가의 책 제목을 따라해봤다. 《분노의 포도》와 《에덴의 동쪽》과 같은 굵직굵직한 걸작으로 유명한 존 스타인벡이 쓴 책 《찰리와 함께한 여행Travels With Charley》을.

평생 해외나 지방으로 업무차 여행을 다닐 때마다 나는 항상 투덜댔다. 아! 이놈의 방랑생활은 언제 끝날 것인가. 일행과 함께 갔더라도 일이 끝나면 스톡홀름이나 베니스, 스코틀랜드 등 주변 도시를 짧게라도 혼자 조용히 다녀왔다. 사실 여행도 웬만하면 혼자 떠났다.

외로워하면서도 매번 시간 맞추다 보면 때를 놓치기에 혼자라도 떠나던 여행길을 어느 날부터 마루와 동행하게 되었다. 생각보다 든든하고 즐겁고 때로는 웃기기까지 했다. 먼 길은 피곤해도 즐거운 여행길이 되었다. 사실 《찰리와 함께한 여행》의 책머리에 나이가 들어도 여기저기 떠도는 자신의 방랑벽을 푸념하는 작가의 말이 너무도 공감되어 그의 책 제목을 따라했다.

미국에 관해서 글을 쓰는 미국 작가지만 나는 실은 기억에만 의존해 왔다. 그런데 기억이란 기껏해야 결점과 왜곡투성이의 밑천일 뿐이다. 나는 참된 미국의 언어를 듣지 못하고 미국의 풀과 나무와 시궁창이 풍기는 진짜 냄새를 모르고 그 산과 물, 일광의 빛을 보지 못했던 것이다.

_ 존 스타인벡, 《찰리와 함께한 여행》

고개가 절로 끄덕여졌다. 맞다. 어떤 사람들은 내게 말한다. 왜 SNS를 하지 않느냐고. 얼마나 많은 정보와 세상 사람들을 만날 수 있는데 왜 하지 않는지 어떤 이들은 답답하다는 말까지 한다. 그럴 때마다 아무런 대답을 할 수가 없어 그저 멀뚱히 바라볼 뿐이다. 지금은 회사 계정의 SNS를 하고 있지만, 솔직히 답답하다고 하는 그 말은 여전히 이해가 가지 않는다. 온라인 상에서 세상을 구경한다 한들 그 빛과 소리, 냄새, 지역에 따른 사람들의 말과 그들의 살아온 이야기를 어떻게 비교할 수 있을까.

대화하는 동안의 감정과 감동은 얘기가 다르다. 물론 경비가 들고 시간이 없다는 말을 사람들은 곧잘 한다. 언제나 돈이 생기면 좋은 일도 하고 효도도 한다고 하지만, 돈과 시간이 생긴다 해도 하지 않는 사람은 절대 안 한다. 언제나 변명과 핑계이다. 여행은 멀리 비행기를 타고 가야 여행이 아니다. 반나절일지라도 어딘가로 가는 그 과정에서 만나는 풍경과 사람들이 얼마나 경이로운지 모른다.

JOAZZI
COFFEE
Hand Drip 전문점

알랭 드 보통의 《여행의 기술》을 읽으면 참 공감하게 된다. 공항에 내렸을 때 보이는 사인부터 도시에서 풍기는 간장이나 치즈, 풀 냄새 등 특유의 향조차 모두 다르다. 암스테르담, 스톡홀름, 뮌헨의 공항에서 보이는 그 쿨한 사인과 벤치까지 기가 막히다. 중동 지역이나 모로코 공항에 내리면 글자부터 이국적이다. 그들이 사용하는 컬러 코드부터 지역적 색상까지 모두 다르다. 사람 사는 곳은 다 똑같다고 좋은 사람은 어디에나 있기 마련이다. 전 세계 지역마다 문에 칠해진 색도 다르고, 커피집 문 여는 시간도 다르고, 언어도 다르지만, 시골에 가면 다 똑같은 것이 있다. 바로 '정'이다. 러시아에 가면 사람들이 표정이 없고 심지어 새치기 문화까지 있지만 그 무표정한 얼굴로 감동시키는 사람들도 있다.

> 여행이란 그 스스로가 하나의 인간과 같다. 똑같은 여행이란 있을 수 없다. 여행은 결혼과 같다. 자기 마음대로 좌우할 수 있다고 생각한다면 그것은 분명히 오산이다.
>
> _존 스타인벡, 《찰리와 함께한 여행》

존 스타인벡의 말처럼 여행은 결혼생활(물론 나는 결혼을 한 적은 없으나)처럼 자기 뜻대로 되는 일은 단 한가지도 없다. 그러나 계획하지 않은 만남과 과정은 참 많은 추억을 남긴다. 상트페테르부르크를 여행하면서 매일같이 다니던 역 앞의 과일과게를 베이스캠프로 삼고 정보도 얻고 과일도 샀다. 저렴한 호텔에서 지내다 보니 좋은 서비스나 물건을 받아줄 컨시어지가 없어 역 앞의 과일과게를 컨시어지 삼은 것이다. 호텔에 들어갈 때 과일을 사면 고려인 과일가게 아줌마는 덤으로 꼭 하나씩 더 주었다. 루르드에서 울고 있는 나의 어깨를 안아주었던 캐나다에서 온 멕시코 아줌마, 솔라나 비치 역에서 내 짐가방을 자기에게 맡기고 아름다운 해변가를 꼭 보라며 "솔라나 비치는 혼자 갔다 둘이 돌아올 만큼 로맨틱한 곳이야!"라고 내 등을 떠밀던 역무원을 어떻게 SNS 세상에서 만날 수 있겠는가.

보길도로 배를 타고 가는 동안, 목포에서 결혼식을 마치고 돌아가는 승객들이 갑자기 떡을 돌려 진짜로 맛있는 모싯잎 떡을 나눠 먹으며 결혼잔치의 즐거움도 나눈 적도 있다. 혼자라도 언제나 즐거움을 나눌 수 있는 사람들을 만날 수 있다. 그런데 이제는 그 즐거움이 배가 되었다. 마루와 함께 여행을 떠날 수 있게 되었기 때문이다.

존 스타인벡은 책을 쓰면서도 뭔가 부족했던지, 소형 선박의 선실과 같은 캠핑카를 주문하고 그에 걸맞는 이름인 '로시난테'(돈키호테의 애마)라는 이름을 붙여 미국 대륙을 여행하기로 결심한다. 그의 곁에는 영어와 불어가 가능한 '찰리'라는 이름의 푸들이 함께했다. 한국말밖에 못하는 마루는 대신 굉장히 많은 단어를 인지하는데, 어떤 때는 내 마음까지도 읽을 수 있기에 찰리와 함께 여행하는 존 스타인벡이 부럽지 않다. 그렇게 떠나게 된 마루와의 여행을 통해 정말 많은 추억을 얻게 되었다. 소백산 경계에 있는 반려동물 동반 펜션을 가다

차가 도랑에 빠진 일부터 길을 잃고 헤매다 간 보성에서 너무나도 아름다운 석양을 보며 마루와 함께 산책한 일은 내 가슴속에 터너의 풍경화처럼 남아 있다.

마루가 점차 차에 익숙해지고 나서부터는 국내 여행은 출장까지 꼭 동행하게 되었다. 지금 생각하면 아득한 일이지만 입양하고 처음 일주일간 마루는 자동차만 타면 너무나도 긴장해서 나이아가라 폭포마냥 침을 흘렸다. 이제는 곧 운전면허도 딸 수 있을 만큼 자동차에 익숙해졌지만, 처음에는 어쩔 줄 몰라 낑낑거리다 운전석으로 넘어오는 아찔한 순간까지 있었다. 이렇게 차를 무서워하면 여행은커녕 외출도 못하겠다 싶었는데 다행히도 마루는 점차 차에 익숙해졌다. 그리고 급기야는 뒷자석에서 배를 위로 하고 코까지 골며 주무시는 장족의 발전을 보여주었다.

이제 마루에게 있어 가평이나 남양주, 강릉, 아산 정도는 '피이스 오브 케이크'이며 '누워서 떡 먹기'이다. 충청도, 전라도, 경상도까지 마루의 여행 지도는 알렉산더 대왕마냥 범위를 넓혀나갔고 결국 배를 타고 제주도 출장은 세 번이나 동행했다. 어디 그뿐인가. 제주도에서 또 배를 타고 비금도까지 갔으니 마루의 대동여지도 한 번 써야 할 지경이다.

어찌 되었건 나의 일이 전국의 농장과 지방 축제를 다니며 좋은 식재자나 지방 특산물을 찾아야 하는 관계로 마루는 전국의 축제를 돌 때가 많다. 축제에 가면 마루는 꽤 아이돌급 인기로 간식도 많이 얻어 먹는다. 의성 마늘축제에선 행사 요원 친구들이 마루를 봐주겠다 자처하여 마늘을 열심히 고르던 기억이 있다. 또 횡성 한우축제를 갔을 땐 정말 마루는 말 그대로 '눈에 보이는 것이 없는 아이'처럼 고기 간식을 주는 곳에 정신이 팔려 돌아다녔다.

사실 어머니는 마루가 나와 같이 동행하는 것을 매우 좋아하셨다. 목적지에 빨리 가기 위해 가끔 속력을 내기도 하지만, 무엇보다 휴게소에서 쉬지 않고 달리는 나의 운전 습관을 걱정했기 때문이다. 그러나 여행의 질이 달라졌다. 일단 하루 계획을 과하게 잡지 않는다. 예전에는 한꺼번에 여러 군데를 쉴 새 없이 갔다면 마루와 함께하고 나서는 두세 군데만 돌고 꼭 휴식을 취하며 일한다. 고속도로를 주행할 때도 스트레스 받지 않게 하기 위해 강아지 놀이터가 있는 휴게소나 국도인 경우에는 마을 주변에 멈춰 꼭 산책한다. 시간은 훨씬 오래 걸리지만 나도 여유를 가지고 더 많은 것을 볼 수 있게 되었다.

Maru's TIP

전국 고속도로 반려동물 휴게소

마루와 여행을 다닐 때는 꼭 휴게소에 들러야 한다. 오줌도 싸고, 놀기도 하고, 산책도 하면서 스트레스를 풀어주지 않으면 나만 즐거운 여행이 될 것이다. 원치 않는다. 혼자만 즐거운 여행은! 현재 우리 나라 고속도로 휴게소에는 점차 많은 반려동물 동반 휴게소가 생겨나고 있다. 대체적으로 무료 이용 가능하지만 일부는 입장료가 필요하다. 그러나 강아지들이 잠시라도 편하게 쉬면서 여행을 할수 있는 곳이 있다는 것만으로도 감사할 뿐이다.

가평 휴게소 (영동 고속도로, 춘천 방향)

가는 길이 아니라도 강릉이나 가평 여행할 때 가평 휴게소에 들러 1시간 정도 놀다 간다. 그러기 위해서는 아침 일찍 집을 떠나야 할 때도 있는데, 그럴 때는 아예 아침 밥을 가평에서 먹을 수 있도록 사료 준비를 한다. 꽤 넓은 평수에 나무 식탁과 강아지 놀이터가 기본으로 갖춰져 있어 아이들이 놀기 좋을 뿐만 아니라 반려동물 카페도 있다.

덕평 자연 휴게소 (영동 고속도로, 양방향)

식당부터 화장실까지 기본적인 시설이 잘 갖추어져 있고 강아지 놀이터도 예쁘게 꾸며져 있다. 가끔은 덕평 휴게소에 일부러 놀러가고 싶은 때가 있을 정도이다. 반려동물 디즈니랜드마냥 귀여운 조형물과 건물이 있는 운동장 입구를 지나면 소형견과 대형견 노는 곳이 분리되어 있다. 갤러리아 백화점 부럽지 않은 강아지 패션몰도 있어 쇼핑까지 가능하다.

신탄진 휴게소 (경부 고속도로, 서울 방향)
강아지 조형물이 반겨주는 바로 앞에 주차하면 놀이터를 편리하게 이용할 수 있다. 중소형견과 대형견이 놀 수 있는 공간을 분리해 운영하고 있다. 물 마시는 공간, 배변봉투도 마련되어 있어 깨끗하게 관리되고 있는 곳임을 알 수 있다.

죽암 휴게소 (경부 고속도로, 서울 방향)
번려견 놀이터 '멍멍파크'는 2013년도에 생겨 꽤 오래 되었다. 천연 잔디장을 보유하고 있고 도그어질티리 코스와 100m 산책로가 조성되어 있어 강아지와 잠시 쉬며 놀다 가기에 좋다

충주 휴게소 (중부 내륙 고속도로, 양평 방향)
사과로 유명한 충주답게 커다란 사과 조형물이 이색적이다. 규모는 작지만 예쁘고 깨끗하게 관리가 되어 있다. '바람의 언덕'이라는 산책로에서 운전의 피로를 풀고 잠시 강아지와 잠시 산책하는 시간도 보낼 수 있다.

진주 휴게소 (남해 고속도로, 부산 방향)
반려견 놀이터 '달려라 개구쟁이'에는 다양한 놀이시설과 포토존이 마련되어 있다. 애견파크 '폴짝'에서 시간을 보내고 오기 좋다.

행담도 휴게소 (서해안 고속도로, 양방향)
바다가 보이는 멋진 곳으로, 양방향으로 있어 가고 올 때 들르기에 좋다. 휴게소와 모다아울렛 뒤편에 널찍한 공간이 마련되어 있다. 강아지가 신나게 뛰어노는 시간에 인간은 바다 경치를 구경할 수 있으니 일석이조.

전국 마루 자랑

호기심이 많은 마루는 새로운 곳에서 쉴 때마다 '여긴 매우 다른 냄새가 나서 아주 재미있개! 이 꽃 좀 보시개. 강원도와 경상도가 다른가 보개'라고 말하는 듯이 꼬리를 프로펠러처럼 돌려서 날아갈 지경이 된다.

대한민국은 참으로 아름답다. 여행을 다닐 때마다 느끼는 것이지만 왜 그렇게 외부 침략이 많았는지 이해가 갈 정도다. 눈이 부시도록 아름다운 날은 말할 것도 없고, 비가 오는 날은 모든 산 중턱에 스코틀랜드 킬트 같은 구름치마를 두르고 있다. 여기에 더 보태 해무까지 올라올 때는 그야말로 장관이다. 눈이 내리는 논과 밭은 파리 오르세 미술관에 갈 필요도 없이 밀레 그림만큼 서정적이다.

봄이 오면 도로부터 마을 어귀까지 벚꽃, 조롱박 나무, 한국 수국 등 아름다운 꽃나무들이 만개하여 아름답다. 여름이면 비가 내려 모든 초록이 짙어지고, 습기 때문에 진한 초록 냄새가 진동을 한다. 가을이 되면 단풍과 은행잎이 산자락을 온통 뒤덮어 풍요롭고 화려하기

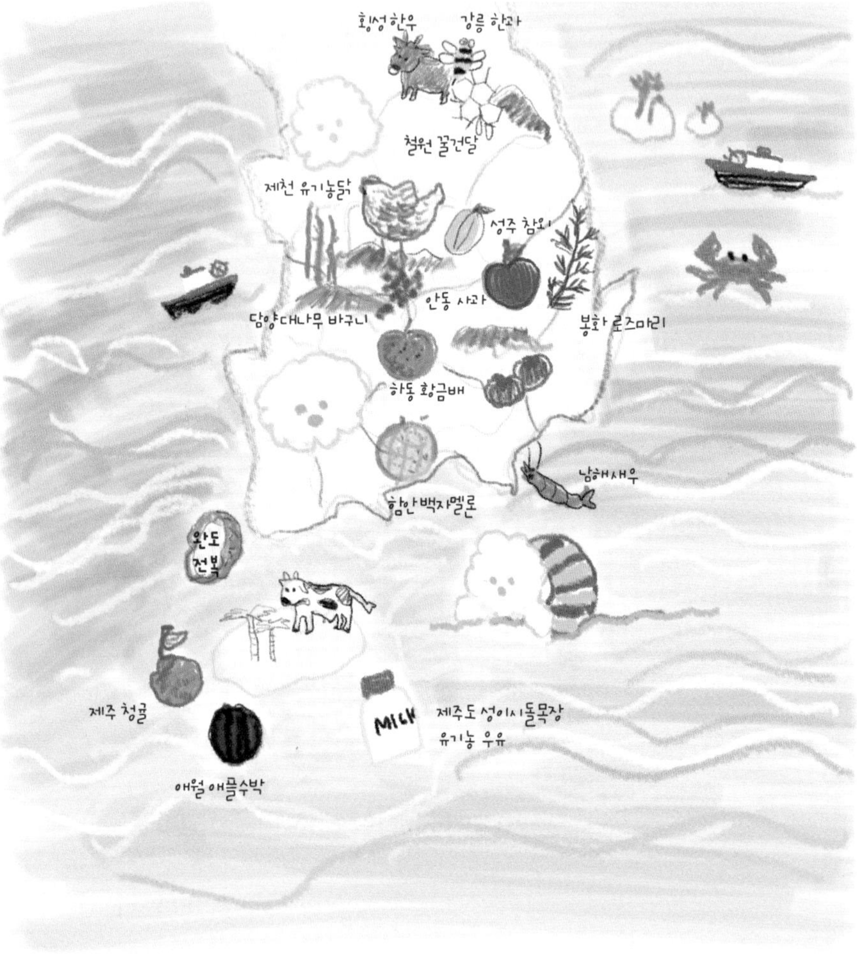

횡성한우
강릉 한과
철원 꿀건달
제천 유기농닭
성주 참외
안동 사과
담양대나무 바구니
봉화 로즈마리
하동 황금배
남해새우
함안 백자멜론
완도 전복
제주 청귤
MILK
제주도 성이시돌목장
유기농 우유
애월 애플수박

Maru's Map

그지없다. 겨울은 눈꽃으로 장관을 이룬다. 모든 계절이 다 아름답기도 하지만 지방에 따라 풍경도 운치도 달라진다.

특히 강원도의 가을은 말을 잇지 못할 정도로 아름답다. 일단 강원도 쪽으로 향하게 되면 소나무와 삐죽삐죽한 침엽수가 점차 많아진다. 중부로 가면 대나무, 울창한 은행나무와 느티나무가 많고 남쪽으로 내려가면 내려갈수록 나무들은 야자수 등 열대우림처럼 이국적이다. 예전엔 그저 스쳐 지나갔던 풍경을 마루와 함께 차에서 내려 산책하며 마주한다.

담양은 메타세쿼이아 길도 아름답지만 죽녹원도 참으로 아름답다. 죽녹원의 경우에는 케이지나 유모차가 있어야 한다. 만약 케이지나 유모차가 없다면 강아지를 안고 들어가야 동반 입장이 가능하다. 마침 내가 간 날은 사람이 별로 없어 벤치에 앉아 대나무를 구경하다 왔는데 고즈넉하여 참으로 좋았다.

부산에서 미팅을 하고 근처 로컬 푸드마켓에서 우연히 발견한 백자멜론(당시에는 흔치 않았다)이 신기하여 생산지인 함안에 갔을 때는 깜짝 놀라지 않을 수 없었다. 도대체 함안에 무슨 일이 있었던 건지는 몰라도 너무나도 멋진 카페가 많았기 때문이다. 그냥 멋진 것이 아니라 뉴욕의 브루클린 어딘가에 있을 듯한 멋진 카페들을 볼 수 있다. 그중에서도 카페 '그린프로그'는 정말 엄지 척이다. 마루와 출장을 같이 갈 때는 언제나 반려동물 동반 가능한 숙소나 카페를 찾아야

화개장터

飛揚島
千年紀念碑

한다. 그 덕에 마루와의 여행은 매번 세렌디피티이다. 반려동물 입장이 가능하다고 해서 찾은 카페 그린프로그 안에는 역시 강아지 동반이 가능한 '쾌지나칭칭'이라는 고깃집도 있어 식사도 하고 넓은 정원에 있는 흔들의자에도 앉아 편히 쉬다 서울로 올라왔다.

남해는 또 어떠한가. 마치 이탈리아 아말피처럼 이국적이면서 아름다운 남해에서 마루는 바닷가 산책도 했다. 아침 일찍 이름도 이국적인 설리 해변에 나가 멋지게 바닷가를 걷고 싶었지만 마루는 파도나 바다를 좋아하지 않아 나 혼자 걷고 마루는 그런 나를 구경만 했다. 그건 사실 제주에서도 마찬가지였다. 마루는 파도가 무서운가 보다.

목포는 홍어만 유명한 곳이 아니다. 박물관도 잘 되어 있고, 맛집도 많다. 할아버지가 살아계신 때부터 자주 갔던 '영란 횟집'에 이른 아침 전화를 하니 간만에 나와 계신 노사장님이 쪽방 한 칸을 내주겠다 하여 마루와 같이 민어회를 어찌나 맛있게 먹었는지.

강원도 평창과 횡성에서는 잊지 못할 추억도 가졌다. 가을에 떠난 강원도는 그야말로 '노랗게 노랗게 물들었네~. 빨갛게 빨갛게 물들었네~'라는 동요가 절로 나올 만큼 산들이 낙엽으로 온통 물들었다. 비수기에 떠난 강원도는 한적하고 맑았다. 특히 평창에 있는 펜션 '운교산방'에도 입양한 강아지들이 있어 아침 일찍 뒷산에서 같이 뛰놀았다. 바닥에 깔린 은행잎이 카페트만큼 어찌나 푹신한지 마루가 정말로 기분이 좋은 듯 겅중겅중 이리저리 뛰노는데 어디 알프스 산자락에 온 듯한 기분이었다.

그렇게 산기슭을 타고 운전하다 캐나다 록키산에 있을 듯한 통나무 카페에 들어가니 사장님이 반갑게도 마루까지 맞아준다. 1990년대 경양식 레스토랑같이 올드한 스타일의 소파에 마루까지 앉으라고 담요를 내준다. 산 절벽이 보이는 창가에 앉으니 정말로 캐나다 밴프의 로지에 있는 느낌이었다. 캐나다 주차 번호 등 내부 장식이 남달라 물어보니 아니나 다를까. 캐나다 로키 쪽에 이주해서 사시던 한국분이 차린 카페라는 것이다. 빛바랜 체크 패턴이 매우 올드하지만 참으로 정겨운 소파에 앉아 그 집의 자랑인 베이글과 미제 버터를 아주 맛있는 커피와 함께 먹은 기억이 지금까지도 남는다. 그때는 마치 마루와 함께 머나먼 로키 산맥을 여행하는 것처럼 즐거웠기 때문이다.

강릉 커피축제는 구수한 커피 향으로 도시 전체가 진동하는 듯하고 하동에 갔을 때는 화계장터의 요란한 엿장수 소리가 흥겨웠다. 마루가 인슐린 투여 때문에라도 꼭 제시간에 식사를 해야 하기 때문에 가끔 급하게 길거리에서 사료를 급여할 경우가 있다. 섬진강 자락에 있는 길가에서 식사를 할 때는 강에 물 내려가는 소리가 운치 있어 좋았다. 법성포에선 꼭 보리굴비 정식이 먹고 싶었는데 '연수 굴비' 사장님이 얼마 전 무지개 다리 보낸 강아지가 생각난다며 마루를 대신 봐준다고 해서 급하지만 맛있게 식사한 기억도 있다. 그렇게 전국을 다니던 마루는 드디어 제주도까지 섭렵하게 되었다.

제주도 푸른 바다

배 표를 끊고 화물칸에 차를 선적하고, 그리고 무엇보다 장시간 운전해야 하는 부담감에 처음엔 몇 번이고 비행기로 가볼까 고민도 했다. 그러나 기내에 탑승할 수 없는 몸무게의 마루를 화물칸에 싣고 간다는 것이 도통 내키지 않았다. 비록 1시간 거리라도 10시간 거리처럼 느껴질 것이 뻔했다. '여기는 어디개? 나는 누구개?'라며 부들부들 떨고 있는 동그란 얼굴을 떠올리며 나 혼자 의자에 앉아 편하게 갈 수는 없었다. 시끄러운 팝이나 가요만 나와도 얼굴을 구석에 박고, 클래식은 편안하게 듣는 조용한 성격의 마루가 아닌가. 화물칸은 아무리 생각해도 천부당만부당한 일이었다.

서울에서 제주도까지 가는 배 편을 알아보기로 했다. 인천, 수원, 목포, 여수 등이 있었지만 모두 5~6시간 넘게 걸리는 시간이었다. 일본을 왕복할 시간이다. 그나마 한국의 하롱베이라는 고흥도 있지만 누군가 블로그에 자신의 반려동물과 함께 완도에서 쾌속 페리호를 타고 간 이야기를 상세하게 올렸는데 괜찮은 듯했다. 자세히 알아보니 한일고속에서 운영하는 '실버 클라우드'를 완도에서 타면 2시간 반에서 3시간 걸린다는 것이다. 글을 읽고 '유레카!'를 외치며 바로 실행에 옮겼다. 레스토랑에 사용할 식재를 구하러 제주도에 가야 할 일이 생기자 바로 마루 씨를 모시고 제주도로 향했다.

페리는 완도에서 오전과 오후에 출발한다. 우선 자동차 선적을 위해 미리 예약을 하고 서울에서 새벽 5시 경에 일찍 떠났다. 마루와 여행을 나설 때면 나보다 짐이 훨씬 더 복잡하고 많다. 당뇨병으로 인해 병원에서 처방해준 사료와 직접 만든 간식 외에는 먹지 못하기 때문에 며칠 분량의 사료 박스(시중에서는 판매하지 않는 나만의 오더메이드 박스), 인슐린 주사와 주사기를 챙긴다.

특히 인슐린 주사액은 햇빛을 보거나 충격이 가해지면 절대 안 되는 데다 냉장 보관을 요한다. 엄지손가락만 한 예민한 약물을 위해 내가 직접 사이즈에 맞게 만든 스티로폴 완충제로 감싸서 버블백 안에 넣는다. 그리고 다시 심장 이식을 위해 적출한 장기를 이동시키는 의사처럼 아이스팩과 충격 방어 패드를 넣은 보냉백을 따로 챙긴다. 참고로 신세계나 현대백화점 보냉백은 냉장 보관해야 하는 마루의 여러가지 약품을 넣기에 완벽한 사이즈에 각이 있어 유용하게 쓰인다. 일반 간식을 급여하지 않기 때문에 삶은 닭이나 생선, 브로콜리, 오이를 미리 준비한다.

마루의 안전을 위해 침대도 되는 카시트와 담요, 추울 것을 대비한 티셔츠와 우비를 챙긴다. 여행할 때 우비는 필수! 인슐린 주사를 맞기 위해서는 정해진 시간에 급식해야 하므로 그릇도 챙겨야 한다. 이때 추천할 그릇은 가볍고 깨질 염려가 없는 '크로우캐넌'의 요거트용 법랑그릇이다.

어디 그뿐인가. 마루는 잇몸이 매우 좋지 않다. 수술로 거의 발치하고 몇 개 없는 이빨이라도 잘 보존하기 위해서는 사료를 부드럽게 해야 하기 때문에 온수를 '스탠리 어드벤처 산악용 보온보냉병'에 준비한다. 내 양치질은 잊어도 매일같이 녀석의 아침, 저녁 양치질은 절대로 빠트려서는 안 된다. 그리고 눈! 백내장부터 녹내장까지 크고 작은 수술과 시술을 했을 정도로 안 좋은 눈을 위해 안약을 챙겨야 하는데 그것만 해도 몇 가지나 된다. 심지어 안약 중에서도 냉장 보관이 필요한 것도 있다.

내 짐은 잠옷과 갈아입을 옷, 속옷과 양말, 세면도구와 화장품을 넣은 간소한 천가방 하나이다. 반면 마루의 것은 커다란 트렁크에 꽉 차게 준비해야 한다. 요즘은 둘째 바롱이 가방도 따로 챙겨야 한다. 다행히 바롱이는 애착 인형 몇 가지만 챙기면 되기에 기내용 트렁크 정도면 충분하다. 인간의 아이는 자기 가방은 자기가 밀던데 우리 강아지 자식들은 내가 챙기고 밀어야 하지만 그래도 상관없다.

자! 그렇게 완도에 가기 위해서 적어도 1시간에 한 번 정도 휴게소를 들러야 마루가 차멀미를 하지 않는다. 이제 마루는 화장실이 가

ICE Bag
마루 당뇨사료
MULTI-BENEFIT
주사기
인슐린
약병
안약
마루/바람이 칫솔
마루 바람이 치약
OMEGA 3
바람이 알러지 사료
CROW CANYON
법랑 그릇
STANLEY 보온병
Mont.bell 우비
바람이 애착 돼지 인형
마루, 바람이 티셔츠

고 싶거나 물이 마시고 싶을 때 신호를 준다. 처음에는 사인을 못 알아채고 강행하다 차에 한 번 실수한 적이 있는데 그때 마루의 수치스러운 표정이란. 처음에 몇 번 나를 향해 짖자 "왜? 아직 멀었어"라고 말하는 내가 얼마나 답답했을까. 말귀를 못 알아듣는 나를 원망스럽게 쳐다보다 다급해지자 녀석은 이리저리 움직이다 크게 한 번 짖고서는 오줌을 쌌다. 과장이 아니라 제대로 배변을 가리지 못한 것에 대해 마루는 매우 수치스러워하는 듯 '깨갱' 하고 껑충 조수석 자리로 뛰쳐 와 내게 미안하다는 듯이 앉아서 바라본다. 어찌나 죄송했던지.

반려동물이 있는 여행은 그야말로 난리부르스에 크로스컨트리 만큼 고강도 여정이 된다. 특히 강아지를 데리고 배에 차를 선적하기 위해서는 꽤나 복잡한 과정이 기다리기 때문이다.

1 우선 차량 터미널에 가서 주차를 하고 예매 번호를 주고 티켓을 발급받아 배에 차를 먼저 선적해야 한다.
2 화물칸에서 차를 세운 후 마루를 데리고 걸어 내려와 청사에 가서 인간(?) 티켓팅을 한다.
3 표를 구매하게 되면 산책하며 배변을 끝내야 3시간 넘는 시간을 안심하고 보낼 수 있다. 단, 선실 밖 반려동물 놀이터에 가면 배변 패드까지 주니 너무 걱정하지 않아도 된다. 그걸 몰랐던 첫 번째 여행은 말 그대로 혼자서 아비규환이었다. 빠듯하게 도착한 것도 있지만 표를 사고 탑승하는 곳이 각각 따로인 것을 몰라 땀을 삘삘 흘리며 다녔다.
4 마루가 볼일까지 다 보면 소프트 케이지에 넣어 짐 검사를 받은 후 다시 탑승 계단이 있는 배 쪽에 간다. 이때 케이지가 있기 때문에 개인 짐은 최소한으로 하거나 바퀴가 있는 케이지 혹은 유모차를 사용하면 좋다. 그러나 탑승할 때 꽤 가파른 계단을 올라야 하기에 유모차가 더 짐이 될 수도 있다는 사실을 잊지 말자!

처음 제주에 갈 때는 그렇게 난리부르스를 겪고 3시간 남짓한 시간을 둘 다 곯아떨어져 제주에 도착했다. 하선할 때는 배 안에서 바로 주차 공간으로 이동할 수 있기 때문에 훨씬 편하다. 정말 고생 끝에 낙이 온다는 말은 맞다. 그렇게 우여곡절 끝에 도착하면 꿀맛 같은 제주 여정이 기다린다.

제주도는 생각보다 강아지 동반 가능한 레스토랑이나 카페가 많다. 태풍 속에서도 줄 서야 들어가 먹을 수 있는 '마마롱 제주'에서 살찔 것도 두려워 않고 에클레르와 당근케이크를 녀석과 함께 앉아 우아하게 먹는다. '심바카레'는 너무 유명해서 말도 않겠고, '오설록'에서는 녹차밭도 구경할 수 있다. 이곳의 경우는 외부 카페만 동반이 가능하나 녹차밭도 볼 만하다.

마루는 골든리트리버처럼 바다를 좋아하지 않는다. 파도가 위협적으로 느껴지는 것인지 딴청을 부리며 파도가 밀려오는 바다 쪽은 무시한다. 이호테우 해수욕장은 뭔가 이국적이다. 알록달록 무지개색으로 칠해진 서핑보드도 있고, 파랗게 칠해진 카페도 마치 하와이 어딘가 와 있는 듯하다.

성읍 민속마을, 카멜리아힐, 한림공원, 여미지식물원 등 다양한 곳을 반려동물과 함께 여행할 수 있다. 특히 제주 선인장 마을은 크지는 않지만 현무암 돌담과 함께 정말로 이국적이다. 심지어 내가 갔을 때는 날씨가 흐리고 구름이 많아 스페인 남쪽 섬이나 멕시코에 간 느낌으로 정말 아름다웠다.

마루와 함께 제주도에서 멕시코와 하와이, 지중해까지 여행한 듯한 기분을 내며 시간을 보낸 것은 잊을 수 없는 추억으로 남았다. 물론 우연히 애월농장에서 발견한 싱싱한 애플수박도 자동차에 가득 싣고서 금의환향 서울로 돌아왔다. 그렇게 개발한 애플수박 주스 메뉴는 지금까지도 모스가든 레스토랑의 시그니처 메뉴가 되었으니, 나중에 마루에게 회사 지분이라도 따로 떼 줘야 할 참이다.

A Little Wild

정말로 바쁜 여름을 보냈다. 갑작스럽게 얻게 된 백화점 팝업 기회를 놓치고 싶지 않아 닥치는 대로 받았더니 100년 만의 더위 속에서 일만 죽도록 하게 되었다. 아무리 바빠도 매주 갔던 남산 산책을 제외하곤 마루와 바롱이가 꽤나 지루하고 덥기만 한 여름을 보내게 되었다. 그런 여름의 끝자락에 마침 일도 있고 해서 강릉으로 여행을 떠나기로 마음 먹었다.

여행을 떠날 때 가장 중요한 것 중 하나가 바로 '숙소 예약'이다. 댕댕이들과 함께하는 여행이니 그들도 행복해야 하기 때문에 지리적 조건과 숙소의 상태, 환경을 고려해서 매우 신중하게 선택해야 한다. 제주도를 배로 몇 번이나 갔던 프로 여행러 마루에 비하면 아직 초짜인 바롱이는 점차 자동차에 익숙해져 강릉 출장길에 도전한다.

어머니와 함께 가평에 있는 애견 동반 펜션에 갔을 때 바롱이가 넓은 정원을 경주마처럼 뛰어다니며 좋아한 모습이 기억에 어른거려 이번 여행도 결심하게 된 것이다. 보통 9시만 되면 업어 가도 모를 정도로 잠드는 바롱이는 자정이 되어서도 현관 앞에서 죽치고 앉아 나가겠다고 낑낑거리며 애처롭게 나를 바라보았다. 아직 나이가 어려 그런지 에너지가 엄청난 바롱이는 그야말로 유니콘처럼 넓은 운동장을 거침없이 뛰어다녔다. 그에 비해 마루는 어린 시절에도 언제나 느긋하게 산책하는 성격이라 차가운 공기를 마시며 운동장을 어슬렁 걸었다. 행복해하던 그 모습이 눈에 아른거려 열심히 숙박 사이트를 뒤졌다.

처음엔 바닷가 쪽 애견 동반 펜션으로 찾았다. 넓은 바다를 보며 마루, 바롱이와 여유로운 시간을 보내면 좋겠다고 생각했지만, 바닷가 쪽은 시설은 좋으나 넓은 운동장을 겸비한 곳은 드물었다. 나의 목적은 리드줄 없이 뛰어다니게 하고 싶은 것인데, 바닷가 경치는 나만 좋지 강아지들은 상관없을 것 같았다. 심지어 마루는 바다를 무서워하지 않는가.

숙소가 깨끗한 도심은 주변을 산책하기 적당하지 않다. 그러다 찾은 곳이 바로 소금강 인근에 위치한 '해피몽'이라는 펜션이었다. 강릉 시내와 바닷가, 그리고 대관령 양떼 목장에서 모두 30분 정도 되는 거리에 위치한 산속에 있는 펜션은 코비드 시국에 딱 좋은 한적한 펜션이었다. 시설은 새롭지 않으나 깨끗하고 워낙에 사장님이 정원을 예쁘게 꾸며 마치 일본 산장 같은 분위기였다. 강아지 전용 정원에 풀어주자 마루와 바롱이는 그간의 설움을 씻어내겠다는 듯이 정말로 잘도 놀았다. 그러다 만나게 되었다. 그 친구를….

거의 경주마처럼 뛰어다니는 바롱이와 오지랖 넓게 남의 집에 관심이 많은 마루(진짜로 마루는 식당이든 펜션이든 꼭 남의 자리에 가서 오만 참견을 하는 버릇이 있다)는 각자 취향대로 여유로운 시간을 보내고 있었다. 그때 옆방에 묵고 있는 듯한 할머니가 강아지 두 마리와 함께 정원으로 내려왔다. 할머니는 밤색 푸들과 누가 봐도 유기견이었을 것 같은 믹스견을 품에 안고 내려왔다. '작은 푸들보다 10kg은 더 나가 보일 듯한 강아지를 왜 품에 안고 계시지'라고 생각하는데 할머니가 조심스럽게 내려놓은 믹스견의 그 모습에 깜짝 놀라고 말았다.

믹스견 강아지는 한쪽 앞다리가 없었다. 조심스레 주변을 돌아보다 마루와 바롱이가 마음에 든 듯 열심히 쫓는다. 그 모습이 어찌나 울컥하던지 다리를 잃게 된 사연을 물었다.

"우리 딸아이가 출근하다 길거리에서 교통사고를 당한 유기견을 데려다 치료하고 수술시켜서 입양한 거예요. 이름이 태풍인데 아주 잘 걸어다녀요."

할머니가 자랑스럽게 말씀하신다. 곧이어 나타난 할머니의 따님은 칭찬하는 나의 말에 수줍게 대답한다.

"너무 안타까웠어요. 수술을 몇 번이고 하는데 잘 버텨주더라고요. 그래서 기르기로 결심했어요."

마루를 키워서 안다. 동물은 보험이 적용되지 않아 수술비가 얼마나 비싼지! 그런데 몇 번이고 대수술을 받았다는 태풍이와 그 수술비를 감당해야 했을 보호자가 걱정되었다.

"그러니까 말이에요. 얘는 그냥 평범한 공무원인데…."

딸의 모습이 안쓰러운지 할머니가 보호자 대신 푸념을 한다. 그래도 태풍이를 예뻐하는 마음은 어딜 가나 뒤쫓는 할머니의 행동에서 알 수 있어 마음이 따뜻했다.

어떠한 상황에서도 사랑을 받고 있다는 확신에 차면 동물들은 엄청난 위력을 발휘하며 고통도 말 없이 참으니 참으로 위대하고 거룩한 존재들임에 틀림없다. 태풍이는 한쪽 다리로 잘도 돌아다닌다. 약간 소심한 듯도 보이나 산전수전 공중전 겪은 강아지답게 담대하고 의연하다. 일반 공무원이라는 보호자는 강아지를 수술하기 전에도 '유기견과 함께 걷기'도 하는 분이었다. 자기가 한 일에 대해서도 별로 말이 없이 할 일을 했을 뿐이라고 이야기하는 그녀와 그 가족을 위해 내가 할 수 있는 것은 기도밖에 없었다. 마침 행사에서 구매한 강아지 간식을 있는 대로 싸서 드렸다.

다리가 바스러지는 고통 속에서 자신을 사랑해줄 사람을 만난 태풍이는 그래서 견딜 수 있었던 것 같다. 세상은 참 벼랑 끝에 놓였을 때 진정한 사랑과 행복을 만날 수 있다는 것을 태풍이 가족을 보며 다시 한 번 느꼈다.

1미터 세상의 아이들

여행을 다니면서 마루와 즐거운 시간을 보내며 추억을 쌓을 수 있는 것은 정말 좋았지만 어느 순간부터 마냥 즐겁기만 한 여행을 할 수 없게 되었다. 아니 점점 더 마루와의 지방 여행을 조심하게 되었다. 마루와 장거리 지방 여행을 하기 위해서는 우선 산책을 수시로 해야만 한다. 장시간 차를 타면 차멀미도 신경 써야 하고, 마루가 스트레스를 받지 않게 하기 위해서 배변을 수시로 해결해줘야 하기 때문이다.

고속도로 휴게소에 갈 때도 있지만 지방을 돌 때는 마을 어귀에 차를 세우고 동네로 산책을 다닐 때도 많다. 대체적으로 도시와는 다른 작은 마을을 돌면서 옛 풍경을 음미할 수 있다. 어디나 사람이 많고 시끌벅적한 것과는 달리 한적한 동네에서 마루도 즐거워하며 기분 전환을 한다. 담벼락에 내린 호박 넝쿨이나 나팔꽃도 귀엽고, 작고 알록달록한 대문이나 집 앞 소쿠리에 잔뜩 말리고 있는 고추도 친근하고 소박하다.

정겹고 낯선 모습을 눈에 담으며 산책을 즐거워했지만 점차 나는 작은 마을에 내리지 않게 되었다. 이유는 마을마다 집에 1미터 정도 길이의 끈에 매인 강아지들 때문이다. 그건 펜션에 묵을 때도 마찬가지이다. 반려동물 동반 가능한 숙소는 언제나 산속이나 한적한 곳에 위치하다 보니 근처에 있는 집을 보지 않을 수 없다.

약간 부유해 보이는 집은 왔다 갔다 할 수 있게 도르래처럼 만든 긴 줄에 묶어 움직일 수 있게 한다. 다람쥐 쳇바퀴 돌 듯 정원을 왔다 갔다 배회하는 아이들은 그나마 나은 상황이라고 해야 하나. 문제는 1미터 줄의 아이들이다. 글로 쓰기도 마음이 너무 힘들다.

제주에서 배를 타고 완도에서 내려 서울로 떠나기 전에 마루와 산책도 할 겸 완도의 작은 마을에 차를 세우고 길을 걸었다. 역시 그곳도 알록달록 대문과 정겨운 꽃과 나무가 있는 그런 작은 마을이었다. 그런데 보고 말았다. 집 앞에 있는 밭 한가운데 플라스틱 강아지 집에 매어 있는 검은 개를! 그 개는 하염없이 마루를 쳐다보았다. 무섭게 생겼음에도 불구하고 한 번도 짖는 적 없이 그냥 하염없이 쳐다보았다.

밭 주변에는 아무것도 없이 오로지 나무집에 검은 개 한 마리만 묶여 있었다. 밥그릇과 물그릇은 있었지만 비어 있었고, 그나마도 뒤집어져 있었다. 목이 아주 많이 말라 보였다. 마루는 물그릇이 비어 있으면 냅다 발로 물그릇을 내동댕이친다. 물을 달라는 신호이다. 밭에 있는 녀석은 그래 봤자 보는 사람도 없다. 그때가 6월이었고 이미

한낮은 여름처럼 더웠다. 그해 여름은 매우 더울 거라 기상청도 예보했다.

아직도 기억에 생생하게 기억난다. 하염없이 마루를 쳐다보던 그 검은 개의 표정도 없는 얼굴을. 얼마나 목이 마르고 더울지, 그리고 얼마나 고독할까 생각하면 지금도 가슴이 막막하다. 죽는 날까지 검은 개는 밭 한가운데에 홀로 있어야 한다. 멀리서 들려오는 동네 개들은 그렇게 서로 본 적은 없이 멀리서 들려오는 목소리만 들으며 외롭게 있을 것이다.

남해에 갔을 때 일이다. 좋은 물건을 찾기 위해 떠난 남해에 어김없이 마루도 동행했다. 바닷가에 위치한 애견 동반 펜션에 도착하니 정말 아름답게 꾸며진 정원에 마루까지 뛰어다니며 기뻐했다. 다음 날 아침 나가보니 마당 한쪽에는 커다랗게 지어진 개집이 있었고 그 안에는 작은 멍멍이 한 마리가 있었다. 정말 국어책의 영이와 철이(국민학교 시절에 나온 국어책)가 데리고 다녔을 것 같은 멍멍이었다.

강아지는 내가 다가가자 기뻐하며 엉덩이를 낮췄다. 머리를 만져주니 배를 보이며 좋아했다. 외로웠던 것이다. 뜬장처럼 위로 올려진 개집은 나름 주인의 배려로 지어진 것처럼 보였다. 그런데 문제는 밑으로 똥과 오줌이 내려와 냄새가 지독했다. 남해의 여름은 더욱 더울 텐데 강아지의 물그릇은 언제나 비어 있었다. 예쁘게 차려 입은 펜션 주인이 서울에서 온 손님인 내게 인사를 하러 왔다. 편하게 지내고 가라는 주인에게 강아지는 산책을 하는지 물었다.

"우리 아들이 집에 돌아오면 잘 시켜주는데요. 지난 달에도 한참 놀아주다 갔어요."

매일 세 번 산책을 하는 마루를 생각하니 놀랄 일이었다. 모든 사람들이 강아지 산책을 하루에도 몇 번이고 할 수는 없지만 참 마음이 아프다. 그래도 그 강아지는 몇 달에 한 번 형이 오니 다행인 것인지.

얼마 전 소금 거래처에 들렀다 법성포에 가을 추석 선물을 준비하러 갔을 때 일이다. 굴비 냉동고 앞에 말 그대로 엉성하게 지어진 나무집 안에 흰둥이 녀석이 멍하니 서 있었다. 도저히 그냥 갈 수 없어 차에서 내려 다가가니 앙상하게 말라 비틀어져 1미터 줄에 매달려 있었다. 일을 마치고 슈퍼에서 사료를 사서 돌아가니 때마침 주인인 듯한 사람이 차에서 내려 다가온다. 그것도 주인이라고 강아지가 반기는데 발로 찬다. 다가가 주인에게 사료를 줘도 되는지 물어보니 차에 타려고 했던 주인이 당황하며 말한다.

"아차! 밥 준다는 걸 잊었네요."

그러나 어디에도 사료는 없었다. 사온 플라스틱 그릇에 사료를 주니 허겁지겁 먹는다. 배가 터져 죽어도 많이 먹으라고 사료를 잔뜩 주고 떠나는데 강아지가 서서 쳐다본다. 엄청난 장맛비에 녀석은 언제 올지 모를 주인을 기다리며 다시 배를 곯고 있겠지 생각하니 비 오는 내내 마음이 무겁다.

완도의 검은 강아지처럼 물끄러미 바라만 보는 아이들도 마음이 아프지만 지나가는 행인에게 짖어대다 1미터 줄이 튕겨 나자빠지는 아이들도 슬프다. 그런 이유로 지방에 가면 길을 제대로 다닐 수 없게 되었다. 그나마 집이 있고 먹이를 주면 1미터 줄이라도 감지덕지해야 하는지 모르겠다. 유기되거나 학대받는 강아지들보다는 낫다고 생각해야 하나. 예전에 이런 말을 들은 적이 있다. 수족관의 돌고래나 동물원의 표범은 뒤주에 갇힌 사도세자와 같다고. 몸을 움직일 수도 없이 좁은 뒤주에 갇혀 죽어간 사도세자를 생각하니 너무도 공감되었다.

우리 동네 동물병원 원장님은 에버랜드에서 오랫동안 근무한 분이시다. 규모는 작지만 미용이나 호텔 운영을 전혀 안 하는 말 그대로 제대로 된 동물병원이다. 그런 이유로 꽤 먼 곳에서도 특수 동물을 데리고 오는 사람들을 자주 본다. 어쩌다 그분이 쓴《우리 곁의 동물은 행복할까》라는 책을 찾아 읽은 적이 있는데, 참 많은 생각을 하게 되었다.

사람들은 동물의 마음은 생각하지 않는다고 한다. 동물을 생명체로 보지 않기 때문이다. 그건 나도 마찬가지였다. 동물을 지구상에 존재하는 하나의 카테고리로 생각했기에 그들에게서 슬픔이나 기쁨과 같은 감정을 생각했던 적은 없다. 물론 개고기 문화나 동물 학대에 대해서는 절대적으로 반대하지만 그 이상도 이하도 아니었다. 그러나 마루와 생활하며 그들의 언어, 성격, 요구와 취향, 즐거움과 두려움을 겪게 되었고 생명의 위대함을 알게 되었다.

마루와 함께 생활하면서부터 동물원에 가지 못하게 되었다. 원장님은 책에서 조직 생활을 하는 코끼리가 동물원 안에서 혼자 얼마나 외로울 것인지 생각해야 한다고 했다. 사람들과 소통하고 감정을 공유하며 지적 능력까지 발전하는 강아지들이 1미터 줄이나 사과 상자 같은 우리에 갇혀 평생을 홀로 살아가는데 '얼마나 고독하고 지옥 같을까' 생각하면 목이 메인다.

어쩔 수 없는 일임에도 불구하고 볼 때마다 며칠 동안은 밤마다 떠올리며 뒤척일 수밖에 없다. 혼자 잠을 자고 뙤약볕에서 더위에 힘들어하면서도 평생 1미터 줄에 묶여 있어야 하는 검은 개나 흰둥이를 데리고 와야 하는지 고민하고 고민했다. 그렇게 아무것도 할 수 없는 마음이 모이고 모여 결국 바롱이를 집에 데리고 온 계기가 되었다.

Maru's TIP

동물을 이해하는 데 도움이 되는 책

동물을 이해하고 오랫동안 행복하게 함께 살아갈 수 있는 데 도움이 될 만한 책들을 소개한다. 미처 몰랐던 동물의 세계, 우리 곁의 자연과 환경을 새롭게 바라볼 수 있게 만든다.

작가들과 반려동물의 사생활 (캐슬린 크럴 지음, 전하림 옮김)
반려동물과 생애를 함께한 작가들의 이야기로, 어니스트 헤밍웨이의 고양이부터 버지니아 울프의 개, 찰스 디킨스의 까마귀까지 다양한 동물들이 등장한다. 삶의 활력소이자 다정한 친구, 때로는 영감의 원천이 되어준 반려동물과의 일상을 소개한다.

조앤 수녀님의 동물 친구들 (조앤 치티스터 지음, 임정희 옮김)
베스트셀러 저자이자 세계적인 가톨릭 영성가 조앤 치티스터 수녀의 책으로, 두 마리 개와 앵무새를 만나 깨닫게 된 삶의 지혜와 영성을 담고 있다. 인간관계에 어려움을 겪고 있는 사람들에게 추천한다. 따뜻하면서도 깊이 있고 쉽게 읽을 수 있다.

우리 곁의 동물은 행복할까 (오석헌 지음)
에버랜드에서 근무하다 현재는 특수 동물 전문 병원을 운영하는 오석헌 원장님의 책. 야생 동물 구조센터, 동물원, 수족관, 동물병원 등 다양한 임상 현장에서 쌓은 생생한 이야기를 담았다. 이 책을 통해 지금까지 생각지도 못한 새로운 시각으로 동물들을 다시 바라보게 되었다.

당신은 개를 키우면 안 된다 (강형욱 지음)
개통령 강형욱의 존재를 전혀 몰랐을 때, 마루를 키우리라고 전혀 생각지도 못했을 때 제목에 이끌려 구입한 책. 마루를 키우고 난 후에 다시 읽으며 도움을 많이 받았다. 왜 사람들이 그를 '개통령'이라 하는지 이해할 수 있다.

철학자와 늑대 (마크 롤랜즈 지음, 강수희 옮김)
괴짜 철학자로 불리는 마이애미 대학교 철학과 교수 마크 롤랜즈가 야생의 늑대 브레닌을 우연히 키우게 되면서 깨닫게 된 것들을 담았다. 그저 키우는 과정에 대한 기록이 아니라 브레닌을 통해 철학적 고찰을 하게 된 저자에게 공감하며 흥미롭게 읽었다.

개와 산책하는 방법 (마크 베코프 지음, 장호연 옮김)
'이 세상의 모든 개는 다 다르다'고 주장하는 작가는 그야말로 강아지의 눈으로 세상을 보고 생각을 하여 쓴 글로 나를 교육시켰다. 강아지를 알고 싶고, 강아지의 심리를 알고 싶은 이들에게 꼭 추천한다.

고양이와 할아버지 (네코마키 글·그림)
그림체가 하도 예뻐서 구입해 읽었다가 사랑에 빠진 책이다. 디스플레이 회사를 그만두고 일러스트레이터가 된 부부의 따뜻하고 사랑스러운 고양이 만화이다. 할머니를 떠나 보낸 할아버지와 매우 시크한 고양이의 섬 생활을 담백하게 그려냈다.

선량한 이웃들(안드레아스 바를라게 지음, 류동수 옮김)
'우리 주변 동식물의 비밀스러운 관계'라는 부제 그대로, 집 앞에서 만나는 동물과 식물들의 조용하고 영리한 생활의 모습들을 알려준다. 마루와 바롱이를 산책시키면서 나는 그 비밀스러운 관계를 정말로 많이 목격하게 되었으니, 진심으로 추천하고 싶은 책이다.

다시 만날 거야 (잭 빈츠 지음, 임정희 옮김)
마더 테레사, 진 켈리, 마틴 쉰에 이르기까지 수많은 유력 인사들을 인터뷰했고 오랫동안 〈성 안토니오 메신저〉 잡지의 편집자로 일한 잭 빈츠의 포토 갤러리. 강아지, 고양이 사진들로 일상에 지친 마음이 편안해지는 것을 느낄 수 있다.

아픈 강아지를 위한 증상별 요리책 (스사키 야스히코 지음, 박재영 옮김)
아픈 마루를 위해 구입했다. 피부염을 비롯해 각종 염증 질환에 고생하거나 당뇨병, 신장병, 비만 등 아픈 강아지들의 치료식으로 요긴한 레시피 북으로, 사랑하는 강아지에게 좋은 음식을 만들어 먹이고 싶은 이들에게도 필요한 책.

3

바르게 자라
오래도록

내 자신이 준비되지 않으면 인내심을 가지고
바롱이를 기다릴 수 없다. 그래서 힘들 때는
조급하게 다가서려 하지 않았고
바롱이를 있는 그대로 받아들이기 위해 노력했다.

살아남은 아이

개를 싫어하는 사람이 있거나 대기업 미팅 자리에는 마루를 데리고 가지 않지만, 웬만하면 어디에나 함께한다. 누군가 집에 방문했을 때나 자기가 정말로 행복할 때, 혹은 자신의 요구를 확실하게 전달하고 싶을 때를 제외하고 마루는 정말로 짖지 않기 때문이다. 회의실에서 내가 다른 자리로 이동하더라도 마루는 고개를 기린만큼 빼고 나의 모습을 놓치지 않겠다는 듯이 눈으로 쫓지만 절대 허락 없이 움직이지 않고 자리에서 기다린다. 그 덕에 마루는 사무실에서도 그렇고 다른 회사를 방문할 때마다 직원들 사이에서 스타가 된다. 그렇게 언제 어디나 마루와 동행하게 되었다.

그날도 구리에 위치한 김치 공장을 방문했던 때였다.

"조금만 있으면 웃기는 놈 하나가 나올 거예요."

사장님이 말하며 컨테이너 창고로 걸어가는데, 공장 앞 들판 갈대숲에서 작은 더벅머리 털친구가 마루를 보며 쫓아 나왔다.

"어느 날 낑낑거리는 소리가 나서 가봤더니 누가 기둥에다 노끈으로 이 아이의 목을 묶어두고 갔어요. 내가 밥을 주기 시작하면서 나만 오면 이렇게 쫓아온답니다. 껄껄."

기함할 일이었다. 꾀죄죄 지저분하지만 누가 봐도 아직 어린 아기 같았다. 자세히 들여다 보니 얼굴이랑 발이랑 분명 미용받은 채 털이 자란 것을 보니 정말로 버려진 듯하다. 누가 왜 무슨 이유로 작은 털 친구를 유기했는지 모르지만, 마루가 하얀 솜뭉치같이 신기한지 만세하고 같이 놀자는 듯이 짖어대며 까분다.

"누군지 몰라도 일자가 적혀 있는 나일론 노끈에 묶어두고 가서 우리가 '일자'라고 부르는데, 다른 사람이 부르면 안 가요."

사장님이 불쌍한 마음에 사료와 물을 챙겨주니 그래도 사장님 자동차 소리만 들려도 갈대 숲에서 쫓아 나온다고 했다.

미팅을 끝내고 밖으로 나가니 마루를 기다리며 서성거리는 작은 털친구를 공장 직원이 저리 가라 발길질한다. 모든 사람이 다 강아지를 좋아할 수는 없는 일이니 어쩔 수는 없지만. 곧 겨울도 다가오는데 딱 봐도 철도 안 든 강아지가 이 들판에서 버틸 수 있을지 걱정되었다. 이미 유기견을 키우고 있기에 사장님은 꾀죄죄 털친구가 불쌍하긴 해도 더는 키울 수가 없다고 했다.

"제가 사료를 주기는 해도 바로 앞이 국도라 차에 치이거나 들개에게 잡아 먹히거나 하겠죠."

대걸레처럼 털복숭이 하는 짓을 보니 강아지 같다. 마루를 보고 장난을 치며 계속 따라다닌다.

"여자예요? 남자예요?"

"모르겠어요. 그냥 귀엽고 가여우니까 사료 사다 주는 거예요."

창고는 말 그대로 갈대숲이 있는 허허벌판에 위치하고 있고, 바로 앞으로 나가면 작은 국도이다. 1시간 정도 그곳에 서 있는데 대형 트럭들이 쌩쌩 지나다니는 소리가 엄청났다. 강아지는 사람들이 무서워도 마루를 기웃거리며 들판 앞에서 기다리며 서성거리는데, 그 모습이 참으로 애처롭고 귀여웠다.

마루는 착하기는 하나 기본적으로 나대는 아이들을 좋아하지 않는다. 놀이터에서 같이 노는 친구들도 자신과 비슷하게 느릿느릿하거나 조용한 성격의 아이들이다. 놀자고 좋아라 쫓아오는 털복숭이 강아지를 무시하며 걷는 마루가 그날 따라 참으로 냉정하다 싶었다.

"좀 봐줘라. 저렇게 좋다고 쫓아오는데…."

일을 끝내고 차를 타고 가는데 뒤를 보니 강아지가 열심히 쫓아오다 국도 전에서 어쩔 수 없이 멈췄다. 그러고는 한동안 우리를 보다 다시 들판 갈대숲 속으로 사라진다. 〈나니아 연대기〉 촬영장도 아니고 수풀 안은 습하고 차갑고 정말로 아마존 정글만큼 무서울 텐데…. 어느 날 갑자기 믿었던 주인에게 버림받고 두렵고 외로웠던 차에 마루를 보니 반가워 다가왔던 것 같다. 가여운 마음보다 뭐라 형언할 수 없는 돌덩이처럼 무겁고 답답한 마음으로 창밖을 내다보는데 국도를 사이에 둔 공장 건너편에 있는 불법 식용 강아지 농장이 눈에 보인다. 경악을 금치 못했다.

"아직도 저런 것이 있어요."

사장님이 한숨을 쉬며 말씀하신다. 작은 철망으로 된 뜬장 안에는 나무판 하나 깔려 있지 않은 채 움직일 수도 없게 빡빡하게 몇 마리씩 되는 강아지들이 어정쩡한 자세로 있었다. 그리고 위로 뜬장이 몇 개씩 쌓여 있어 위에서 오줌을 싸면 그대로 내려올 것이다. 작은 강아지들의 눈은 모두 공포와 두려움으로 쌓여 있었다. 그런 강아지들의 표정은 길거리에 돌아다니는 개들과 또다른 비참한 눈빛이었다. 모든 것을 포기하고 어찌할지 모르는 허망한 눈빛. 말로만 듣던 장면을 처음 보니 형언할 수 없이 분노가 치밀어 올랐다. 전쟁 때야 그렇다고 치고 21세기에 꼭 강아지들까지도 잡아 먹어야 하는지. 마음은 갈대숲 속으로 사라진 강아지 운명이 보여 더 착잡했다. 그렇지 않아도 공장 사람들을 피해 이리저리 사장님이 준 사료를 먹으러 다니던데 저러다 건너편 식용 농장에 끌려가는 건 아닌지. 아니면 그 전에 대형 트럭에 치일 수도 있다. 내가 걱정을 하자 사장님이 말씀하신다.

"에이. 그 전에 들개한테 잡아 먹히거나 추위가 오면 얼어 죽겠죠. 제가 사료를 준다 해도 시간 문제예요."

그때가 10월 말이니 곧 겨울이 닥쳐오리라 생각하는데 그런 내 마음을 읽었는지 사장님이 넌지시 묻는다.

"이번 겨울은 정말 춥다는데 한 마리 더 키우시면 어떠세요?"

내가 말이 끝나기도 전에 같이 간 거래처 여사장님이 김치 공장 사장님께 딱 잘라 거절한다.

"이분 얼마나 바쁘신데요. 말도 안 되는 소리 하지도 마세요."

사실 생각해보면 마루도 입양할 생각 없이 가장 힘든 상황에 같이 살게 되었다. 지금이야 내 인생이 '마루 없이 나는 나는 못 살아'가 되었지만 생명을 돌본다는 것은 너무 힘든 일이다. 더군다나 봄부터 몇 달 동안이나 매달려온 백화점의 프로젝트가 막바지에 이르러 새벽에 귀가할 때도 많았다.

나는 원더우먼도 슈퍼맨도 아니니 굳이 내가 지구의 모든 문제를 신경 쓸 일도 아니다. 말도 안 되는 상황에서도 마루를 입양한 지 어느덧 4년이 흘렀다. 나는 여전히 바빴고, 코비드 시대임에도 불구하고 울며 겨자 먹기로 해외 출장까지 갈 정도로 바쁘지 않은가.

"이태원 가시면서 자꾸 외국 출장 간다고 하시는 것 같아요."

바이어들조차 코비드 시대에 뉴욕과 런던으로 출장을 가는 나를 보고 놀라워했다. 그렇게 출장을 갈 때면 마루를 먼저 해결해야만 한다. 마루는 매일 아침저녁으로 인슐린 주사를 맞아야 하기 때문에 아무 곳에 맡길 수도 없다. 수간호사로 오랜 시간 근무했다 지금은 은퇴하고 구청에서 파트타임으로 일하는 둘째 외숙모가 시간이 되면 그나마 운이 좋다. 외숙모 용돈 드릴 기회도 되지만 무엇보다 마루가 낯선 곳에서 지내는 것보다 산책은 못해도 집에서 있을 수 있기 때문이다.

한 번은 멀리 용인에 있는 '홀리케어파크'에 맡긴 적이 있다. 삼성병원 간호사로 근무하다 강아지를 입양하고 아픈 강아지 호텔을 만든 분이다 보니 마음 편하게 맡길 수 있다. 배우 배정남의 애견, 벨의 눈물겨운 재활 치료도 한 곳이다. 금액은 만만치 않지만 장기 출장일 경우에는 절대적으로 안심하며 맡길 수 있다. 그러다 보니 마루를 키우게 되면서 확실히 지출이 늘었다. 2년여 동안 홀로 집에서만 지내던 마루를 절대로 집에다 혼자 두지 않기 위해 사무실에 같이 가지 않을 때는 유치원에 보낸다.

여기저기 질병이 많은 마루는 수술비부터 약값까지 병원 비용도 만만치 않다. 그렇다고 마루와의 삶을 후회한 적은 없었다. 끊임없는 성실함과 무조건적인 책임감, 엄청난 지출이 힘들기는 해도 마루로 인해 달라진 내 인생을 생각하면 전혀 아깝지 않기 때문이다. 그런데 그것도 '선비'(병원에서 지어준 별명)처럼 얌전하고 똑똑한 마루라서 가능한 생활이었다. '수많은 유기견이 불쌍하다고 내가 다 키울 수는 없잖아. 잊자. 잊어버리자'라며 계속 되뇌이는데, 문제는 헤어진 남자도 이렇게 떠오르지 않았던 것같다.

사장님이 처음 발견한 지 3~4개월 정도 지났으니 버려진 기간도 그 정도일 것이다. 대걸레처럼 꼬질꼬질한 털친구 그 녀석, 아마도 홀로 겨울을 지낸 적은 없을 것이다. 피곤에 지쳐 누워도 천방지축 마루

Balong

를 따라다니던 모습이 눈에 밟혀 견딜 수가 없었다. 프로젝트 막바지에 녹초가 되었는데 마음까지 무거웠다.

"사장님, 일단 제가 사례할 테니 그 아이 좀 잡아서 병원에 데리고 가주세요. 정말로 죄송하지만 미용도 시켜주시고 심장사상충에 걸렸는지도 좀 봐주시겠어요?"

곧 다가올 겨울이 사장님도 내심 걱정되었는지 알겠다며 부리나케 작은 털친구를 간식으로 유인해서 병원에 데리고 갔단다. 불행 중 다행으로 찰과상 외에는 아무 이상이 없다고 했다. 깨끗하게 미용하니 정말 예뻐졌다고 사진까지 전송했다. "맙소사! 이 기시감은 무엇이지?"라고 중얼거리며 사진을 열어보니 정말로 보석처럼 까만 눈을 한 강아지가 나를 바라본다. '털이 눈을 덮어 몰랐는데 이런 눈을 하고 있었구나 너….' 바쁜 와중에도 입양처를 찾겠다 했지만 코로나 펜데믹 이후 사방팔방이 유기견에 임보자도 없어 난리인데 누가 이 아이를 입양하겠는가. 병원에서 미용도 하고 검사도 다 했지만 가타부타 결정을 못 내리는 내가 불안한지 공장 사장님은 매일같이 내게 문자를 보냈다. '어떻게 결정하셨어요? 우리는 못 키우는데….'

프로젝트가 끝난 토요일 새벽에 쥐어 비틀어진 행주처럼 너덜너덜 귀가하고 간만에 늦잠 자며 주말을 즐기려 했다. 그러나 이른 아침 어김없이 사장님의 문자가 왔다. 강요하거나 다그치는 문자가 아닌 그냥 안부 인사 메시지임에도 불구하고 마음이 무거워 다시 눈을 감아도 잠이 오지도 않았다. '사장님, 저 지금 떠나면 10시 정도에 도착할 수 있을 듯해요. 주말인데 공장에 나오시겠어요?' 주말이라 불가능하다는 대답을 은근히 기대했지만 사장님은 문자라도 반가움이 묻어나는 메시지를 보낸다. '그럼요!'

마루는 어디 여행이라도 떠나는가 싶어 잽싸게 나갈 준비를 한다. 공장에 도착하니 털이 짧게 깎이고 목욕까지 한 작은 털친구가 낯설기까지 했다. 케이지에 넣으려는데 잽싸게 달아났다. 〈해리 포터〉에 나왔던 유니콘처럼 펄쩍펄쩍 뛰어다니는 녀석을 붙잡기 위해 사장님과 직원들까지 난리 아수라장이었다. 그런 녀석을 멈추게 한 것은 바로 마루였다.

저러다 공장 밖으로 나가 차에 치이면 여기까지 온 보람도 없다. 바로 차에 있던 마루를 내려놓자마자 작은 털친구가 도주를 멈추고 호기심 가득한 얼굴로 다가왔다. 미리 준비해 간 케이지에 넣어 떠나는데 "너무 힘들면 말해요. 내가 어떻게 해서든…." 마치 처음 마루를 입양할 때 원래 보호자와 비슷하게 공장 사장님도 말을 잇지 못하며 말씀을 하셨다. 마루가 처음 집에 올 때보다 차에서 더 불안해하고 침도 많이 흘렸다.

"걱정 마. 집에 곧 도착할 거야. 조금만 기다려."

그렇게 우리 집에 오게 된 강아지를 데리고 동네 동물병원에 갔다. 원장님은 사정을 듣고 이리저리 살피더니 말했다.

"강아지의 나이는 9개월 정도로 말티즈와 요크셔테리어가 섞인 것 같네요."

아직 입양할지 망설이긴 해도 병원에 중성화수술을 부탁했다. 하루 입원 후 데리러 가니 원장님의 말씀이 내 마음을 움직였다. "어리지만 아주 용감하고 똑똑한 녀석 같아요. 만약 기르시면 훌륭한 성견이 될 것 같습니다"라며 수술 비용까지 깎아주셨다.

강아지는 통증이 있는지 집에 와서도 밥도 먹지 않고 잠만 잤다. 그렇게 하루를 보내고 아침이 되니 몸이 괜찮은지 일어났다. 그런데 믿기지 않는 놀라운 일이 벌어졌다. 입양하고 며칠 동안 여기저기 바닥에 똥오줌을 쌌는데, 강아지는 힘겨워하며 배변패드가 깔려진 베란다까지 나가 소변을 보는 것이 아닌가. 어떻게 배변 훈련을 시킬지 고민하는데 어느 순간부터 마루가 소변을 보는 것을 유심히 보곤 했다. 그 모습이 기이하여 나도 그런 강아지를 바라보며 이상하다 생각했다. 추측컨데 자기도 그렇게 해야 하나 보다 학습했던 모양이다.

너무도 기특하여 평소 고민이나 여러가지 일을 상담하는 이모에게 이 사실을 전했다. 언제나 현명한 말씀을 해주는 이모의 말씀에 목이 메어져왔다.

"에고 불쌍한 것. 지가 살고 싶어 그러나 보다."

"무슨 말이야 이모?"

이모의 말씀이 무슨 뜻인지 물어보니 예상치도 못한 말을 꺼냈다.

"너하고 살고 싶으니 제 딴에 노력하는 거지. 이것저것 눈치 보며 네 눈에 들려고. 은영아, 힘들겠지만 주님께서 참 기뻐하시겠다."

이모의 말에 가슴이 뭉클해지면서 눈물이 고였다.

"그래. 나는 너를 키워야겠다."

그때까지도 정이 들까봐 강아지 이름을 지어주지 않았다. 그런데 이제 이름을 지어주기로 결심했다.

라파엘 또또 바롱

나의 막냇동생 부부는 일 때문에 영국부터 러시아까지 다양한 나라로 이사를 다니다가 상해에 거주하게 되었다. 마루를 좋아하는 조카들이 계속 강아지를 키우자고 해도 안 된다고 하더니 아이들이 성장하자 제부는 큰 결정을 내렸다.

"엄마에게 떠맡기지 말고 너희들이 책임지고 같이 케어해야 해!" 라는 조건으로 강아지를 분양받기 위해 가족이 함께 마트에 갔다. 동생 말에 의하면, 어떤 강아지가 좋을지 꽤나 망설이며 몇 번을 갔는데 유독 눈에 밟히는 아이가 있었다고 한다. 장을 보러 일주일에 한 번 가는 대형 슈퍼에 다닐 때마다 보였던 미니 슈나우저는 몸집이 커질 때까지 분양이 안 되었던 모양이다. 검은색을 좋아하지 않는 중국인들에게 인기 품종이 아니었던 것이다.

강아지가 그렇게 분양이 안 되면 어떻게 되냐고 동생이 물으니 어디로 보내져 안락사 당할 거라고 펫숍 주인은 귀찮은 듯 말했다. 그러면서 싸게 분양할 테니 데려가라는 말에 마음이 약해져 입양한 강아지는 주인 말과는 달리 몸집이 큰 스탠더드 슈나우저가 되었다. 그 아이 이름이 바론Baron이다. 영국에서 오래 살았던 동생은 검은색 슈나우저의 이름을 순 한글로 '바르게', 영어로는 '남작'이라는 뜻을 가진 '바론'으로 짓고 꽤 자랑스러워했다. 생긴 것도 버킹엄 궁전에 있는 근위병마냥 정말로 어울리는 이름이라 생각했다.

혹시라도 강아지를 키우려면 유기견을 키우라는 말을 들어왔던 막냇동생은 처음에는 조심스레 강아지의 존재를 말했다.

"아니야. 유기견만 불쌍한 것이 아니네. 털이 검다고 남겨져 안락사 당했을 운명을 구해준 거잖아."

정이 많은 동생은 바론을 정말로 막내아들처럼 애지중지 키우기 시작했다. 별로 강아지를 좋아하지 않다 마루 때문에 키울 결심을 하게 되었다는 제부도 바론이를 정말로 예뻐하게 되었다.

바론이가 입양되고 얼마 안 있어 김치 공장에서 만난 이 아이의 이름을 고민하던 나는 털복숭이 강아지의 이름을 '바롱'이라 정했다. 우선 영국에 사는 바론과 뭔가 이미지부터 성격이 비슷했다. 트라우마가 있는 바론도 트럭을 보면 무서워하는데 그것마저 비슷했다. 마루라는 이름이 생각보다 너무 흔해서 바롱이만큼은 흔하지 않은 이름으로 지어주고 싶어 '바르고 길게' 살라는 뜻으로 '바롱'이라 부르기로 했다.

"개가 못되게 살기도 하나요?"라고 묻는 사람이 있는데 그럴 수 있다. 제대로 교육을 받지 않으면 성격 나쁜 개가 될 수 있다. 방송 제목처럼 세상에 나쁜 개는 없지만 주인이 제대로 교육을 시키지 않으면 나쁜 개로 살 수밖에 없다. 견주의 생각과 행동에 따라 강아지도 못되고 예의 없고 사나운 강아지가 되는 것이다.

"마루는 이름이 긴데 바롱이는 짧네요?"

예방 접종을 하러 간 동물병원 수납 선생님들이 묻는다. "바롱이도 뭔가 길게 지을까요?"라고 말하니 병원 식구들이 생각지도 않게 모두 찬성하며 긴 이름을 원했다. '김수환무~'처럼 길게 만든 '가브리엘 코코 마루'라는 이름을 사람들이 꽤 좋아한다. 그렇게 해서 바롱이에게도 천사 이름을 붙여주기로 했다. 마음의 상처가 많은 바롱이를 위해 치유의 천사인 라파엘은 더없이 완벽했다. 3대 대천사 중의 하나로 아픈 이들을 위로하고 상처를 낫게 해주고 바구니를 들고 다

니며 사람들의 기도를 담아 하늘에 전달하는 사랑스러운 천사이다.

"마루처럼 중간에 미들네임 안 넣으세요?"

병원에서 오히려 바롱이의 이름에 관심이 많다. 들판에서 입양해 왔으니 원래 이름도 모르고, 우선 물어뜯기 좋아하고, 오토바이만 보면 짖는 바롱이에게 내가 가장 자주 하는 말이 바로 '또또'이다.

"그럼 또또를 넣어줄까요?"

병원 식구들은 그렇게 작명을 하는 내가 재미있는지 즐거워하며 바롱이의 이름을 등록해주었다. 그렇게 해서 갈대밭에서 데려온 우리 바롱이는 '라파엘 또또 바롱'이란 거창한 이름을 갖게 되었다.

동생네 가족은 상해에서 다시 심천으로 발령이 났지만 결국 영국으로 돌아가야 했다. 코비드 시대 초반이라 2주간 자가 격리를 해야 했음에도 불구하고 동생은 영국에 가기 전에 한 달 동안 한국에서 지내고 싶어했다. 강아지를 어찌해야 할지 가족회의까지 하며 고민하던 동생은 큰 결정을 내렸다. 바론도 함께 영국에 가기로 했고, 그 결정에 따라 한국까지 오게 되었다. 코로나로 인해 한국은 물론 영국까지도 동물 반입이 매우 강화되었다. 수많은 서류와 검사는 물론 엄청난 비용이 발생했지만 동생 가족은 굳게 결심했다. 늦은 시간에 귀가해도 문 앞에서 자신을 기다려주는 바론에게 정들어 제부조차 비용의 부담과 불편을 모두 감당하기로 했다.

강아지까지 격리할 필요가 없어 마루와 바롱이의 새벽 산책에 바론도 같이 갔다. 지금도 가끔 슈나우저 믹스가 아니냐는 질문을 받을 때가 있을 정도로 슈나우저 느낌도 나는 바롱이는 자기보다 몸집도 크고 건장한 바론이 멋져 보였나 보다. 바론도 그런 바롱이가 귀여웠는지 둘은 곧 '베프'가 되어 한 달 동안 같이 지내면서 엄청나게 놀았다. 친해지고 싶어도 귀찮다 외면하는 마루를 섭섭해했는데, 바론 덕에 바롱이도 점차 안정되었다.

한 달이 지나 영국으로 떠나게 된 바론은 동생 가족과 같은 비행기도 아닌 화물 비행기에 따로 가게 되었고, 도착해서도 공항에서 3일간 홀로 격리되어 있었다고 한다. 이후 큰 화물차나 비행기 소리만 들어도 벌벌 떨게 되었다고는 하지만, 바론은 가족과 함께 영국의 아름다운 공원과 지방을 돌며 행복하게 살고 있다. 결국 가족은 함께 있어야 하는 것이다.

몸이 아픈 아이, 마음이 아픈 아이

"내가 미쳤지! 내가 미쳤어! 아무 대책도 없이 아이를 또 데리고 오면 어떻게 해."

이 말을 연발하며 처음 일주일은 마루가 집에 왔을 때처럼 후회로 가득했지만, 지금은 바롱이의 엉뚱한 성격을 기다릴 줄 아는 사람이 되었다.

아침에 일어나면 우선 마루와 바롱이 배변판부터 간다. 매일 미사를 올리고 나서 눈이 오나 비가 오나 아침 산책을 나간다. 여름은 6시 반, 한겨울은 7시 정도, 무슨 일이 있어도 산책 시간은 꼭 지킨다. 한시간 정도 걷다 오면 아이들 식사 시간이다. 그 다음은 나의 식사를 챙긴다. 하루종일 미팅을 하다 보면 점심을 놓칠 때가 많은 나는 언제나 아침을 푸짐하게 차려 먹는다.

강아지들 그릇 설거지를 하고 청소기를 돌리면서 하루가 시작된다. 바롱이와 함께하며 '왜 이 아이가 버림을 받았을까' 생각해보곤 했다.

1 브리더에게 속아 요크셔테리어라고 샀지만 (나는 그렇게 표현하고 싶다) 점점 몸집이 커졌기 때문에. 동물병원에서도 바롱이는 요크셔테리어와 말티즈 믹스로 추정된다고 했다. 믹스견이라 그런지 일반 말티즈나 요크셔테리어보다 훨씬 몸집이 크다.

2 바롱이는 많이 짖고 에너지가 엄청나다. 행동 교정을 통해 많이 좋아졌지만 정말로 지독한 인내심을 필요로 했다. 그래서 더 이상 키우고 싶지 않아졌다.

3 갑작스럽게 불의의 사고로 집에서 키우기가 어려워졌다.

동물병원 원장님은 2번 경우를 추측해볼 만한 일이라 한다. 웬만해선 바롱이 성격을 통제할 수 없었을 거라 했고, 지금도 많은 행동 교정이 필요하다 했다.

사실 바롱이가 맨 처음 집에 와서 한동안은 침실에서 나오질 않았다. 왜 그런지 모르지만 바롱이는 나와 마루가 거실에 있어도 불 꺼진 방에서 혼자 앉아 있었다. 바롱이는 외출하고 집에 들어오거나 식사를 하고 기분이 좋아지면 침대 밑에 들어가 잘 나오질 않는다. 원장님 말대로 세상을 살아가기 너무 힘든 것일까. 바롱이는 과연 행복하지 않은 것일까. 결국 약물 치료와 정기적 상담을 당분간 받기로 하고 병원을 나오는데, 엉덩이를 씰룩거리며 걷는 외눈이 마루와 이리저리 눈치보면서 불안하게 걷는 바롱이를 보며 착잡하지만 희망이 떠올랐다.

나는 이들과 함께 행복하고 싶어졌다. 매일 아침 같이 눈을 뜨고 산책을 하고 간식을 나눠 먹으며, 마루와 바롱이가 무지개 다리를 건너기 전까지 잘 살고 싶어졌다. 내게 새로운 인생을 살게 해준 마루와 어느새 깊이 사랑하게 된 바롱이로 인해 처음으로 행복하고 싶다는 마음이 생겼다고 말하면 믿기 어려울 것이다. 무엇보다도 진심으로 나에게 세상을 살아가는 이유가 처음 생겼기에 목표를 세우게 된 것이다.

언제부터인가 바롱이가 마루에게 심술을 부리기 시작했다. 부엌에서 일을 하다 이상한 기운이 들어 뒤돌아보니 마루가 배변을 끝내고서도 올라오지 못하고 있다. 한 번도 짖는 적이 없이 순한 마루는 자신의 앞을 가로막고 못 올라오게 버티고 서 있는 어린 녀석 앞에서 당황한 기색이 역력하다.

"너, 뭐하는 짓이야!"

분노가 치밀어 소리를 냅다 질렀다.

"네가 뭔데 우리 마루를 막아! 저리 가! 미워!"

바롱이는 천둥, 번개라도 맞은 아이마냥 무섭다는 듯이 엉덩이를 낮추고 장식장 밑에 기어 들어갔다. 시간이 지나고 방에 있는데 바롱이가 낮은 보폭으로 다가와 발가락을 핥기 시작했다. 미움받기 싫다는 듯 애처롭게 핥는 모습이 너무도 가여워 다시는 소리를 지르지 않겠다고 약속했다. 바롱이는 사람들에 의해 마음의 상처를 받은 강아지이다. 내 목소리가 작지도 않은데 소리까지 지르니 아마 인왕산 호랑이만큼 무서웠을 것이다. 무엇보다도 다시 버려질지도 모른다는 두려움에 온몸을 떨며 내게 다가온 것이다. 짖거나 으르렁댈 때 바롱이의 몸을 치거나 앞을 가로막는다. 혹은 리드줄을 잡아 당기며 내가 그런 행동을 불편해한다는 사실을 알려주었다. 마루와 대치할 때도 마찬가지로 아무 말 없이 그 사이에 들어가 바롱이를 정면으로 바라보면 뒤로 물러난다. 물론 몇 번의 학습과 반복을 통해 알려준다.

작은 것에 아직도 예민하게 반응할 때도 있지만 그래도 바롱이는 예전처럼 들짐승마냥 새를 보고도 뛰어가지 않게 되었고, 다른 강아지와 놀고 싶으면 앉아서 기다리게 되었다. 검은 옷을 입은 남자가 달려가거나 지나쳐도 짖지 않게 되었다. 처음 우리 집에 왔을 때는 구두주걱조차 들 수 없었지만 지금은 우산을 들어도 아무 상관없다는 표정을 한다. 외출을 위해 하네스를 하려면 야생 동물 구조하는 것마냥 간신히 붙잡아야 했지만 이제 자기가 알아서 구멍에 척척 발을 넣는다. 시골쥐와 도시쥐 이야기처럼 마루는 엘리베이터가 오면 기다렸다는 듯이 탑승하지만 바롱이는 '이 무서운 상자는 뭐냐. 나는 무섭다개!'라는 듯이 발버둥을 쳤다. 하지만 이제 번호도 누를 수 있을 정도로 잘 탄다. 간식을 달라고 할 때는 엎드려서 기다린다.

바롱이의 변화를 가장 먼저 눈치챈 사람은 아파트 관리 소장님들이었다. 검은 유니폼을 입고 있는 관리 소장님들을 볼 때마다 짖어대 민망한 적이 한두 번이 아니었다. 그러나 지금은 꼬리를 흔들며 가서 인사를 한다. 바롱이는 많이 나아졌고 거실에서 같이 휴식을 취하고 사람들에게서도 사랑받는 아이가 되었다. 그렇게 되기까지 3년의 시간이 흘렀다.

진정한 짝을 찾으려면 서로 노력하는 수밖에 없어

영화 〈굿윌헌팅〉에서 닥터 숀이 했던 말이다. 바롱이를 보면서 부모로부터, 세상으로부터 버려진 아이들이 마음의 문을 열기까지 얼마나 오랜 시간이 걸릴까 생각해보았다. 마음을 열고 세상을 받아들이려는 아이들은 그마저도 행운을 것이다. 〈굿윌헌팅〉의 윌처럼 사람에게 버려질 것이 두려워 먼저 상대방에게 자신을 버릴 기회를 주며 관계를 맺기 거부한 채 어른이 되어버린 아이들. 바롱이를 보며 착잡한 마음으로 버림받은 아이들을 생각하게 되었다.

"나도 장한 어머니상을 받고 싶어"라고 농담으로 후배에게 말했다. 입양되기 어려운 믹스견 백구들만 데려다 키우는 후배는 자기가 트로피를 준비해주겠다 한다. 시간과 인내심을 가지고 바롱이와 함께한 시간들이 쉽지 않았기에 괜히 한번 해본 말이다. 바롱이를 교육하는 때는 언제나 내가 편안한 상태인지 확인하고 시작했다. 내 자신이 준비되지 않으면 인내심을 가지고 바롱이를 기다릴 수 없기 때문이다. 그래서 힘들 때는 조급하게 다가서려 하지 않았다. 바롱이를 있는 그대로 받아들이기 위해 노력했다.

이건 내가 속한 세상과 조직에 많은 영향을 주었다. 언제나 상대방을 받아들이기보다 먼저 이해하기 위해 애쓰는데, 이러한 행동은 매우 위험한 결과를 맞이할 수 있다. 왜냐하면 내가 이해하려고 하다 장애에 부딪히면 '어떻게 너를 이해하려 하는 나에게 이럴 수 있어?'라며 섭섭해하기 때문이다. 서로를 이해하는 데는 물리적 시간이 필요하다. 씨를 뿌리기 위해서는 먼저 땅을 골라야 하는 것처럼 서로가 자연스럽게 이해할 수 있을 때를 기다려야만 한다. 사과나 화해도 마찬가지이다. 무조건적인 사과는 역효과를 낼 수도 있다. 몇 년이 걸리더라도 때를 기다려야만 한다. 그러면 나 자신에게 있는 문제를 발견하게 된다. 내 눈에 가시를 먼저 빼내야 진심어린 마음으로 화해를 청할 수 있다. 그리고 때가 되면 희한할 정도로 좋은 기회가 자연스럽게 다가온다.

먼저 나쁜 점을 고치려고 하지 말자. 바롱이의 좋은 점과 나쁜 점을 있는 그대로 받아들이기로 했다. '밀과 가라지'에 대한 이야기는 성경에서 좋아하는 부분이다. 종들이 주인에게 "가라지를 거두어낼까요?"라고 묻자 수확할 때까지 기다리라고 말한다. 예수님은 밀과 가라지의 비유로 함부로 편견을 가지지 말자는 말씀을 하시는 것이다. 누군가의 단점이 장점이 될 수도 있고, 장점으로 보인 점이 악이 될 수도 있는데, 섣불리 상대방을 판단하려 들지 말고 인내하며 기다리라는 뜻이다. 그 말씀을 생각하니 문제점은 생각하지 않은 채 바롱이만 그대로 눈에 들어왔다. 초롱초롱 까만 눈을 하고 항상 무언가 생각하며 바라보는 에너지 가득한 바롱이가 눈에 들어오자 그간의 안 좋은 행동이 이해되기 시작했다.

매번 자동차에서 내릴 때마다 난리가 난다. 그런데 생각해보니 가족들과 함께 신나서 자동차 타고 나갔다 들판에 묶인 채로 버려졌을 테니, 자동차에서 내릴 때마다 버려질 거라는 두려움이 있었을 것이다. 커다란 개만 보면 난리를 친다. 들판에서 홀로 들개와 마주하게 되면 두려웠을 텐데, 지금은 자기가 보호받고 있다 생각하니 안심하고 먼저 으르렁댔을 것이다. 더군다나 사랑하는 보호자가 생겼으니 지켜주고도 싶어 짖어댔을 것이다. 마루는 인사하는 사람들의 손을 거부감 없이 반기지만 바롱이는 흠칫 놀라 뒤로 자빠진다. 그런 바롱이를 보면 사람들은 물릴까 다가서지 않는다. '얼마나 귀엽고 코믹한 성격의 소유자인지 알면 깜짝 놀랄텐데. 그치?'라며 혼잣말로 위로한다. 사랑을 얼마만큼 받았는지에 따라 극과 극으로 다른 세상으로 나뉘게 된다.

스타일리스트 출신인 보호자를 만났으니 작은 해결 방법 정도는 있다. 강아지를 인형처럼 귀여운 스타일의 미용이나 장식하는 것을 싫어하지만, 이건 바롱이 이미지에 관련된 문제이다. 어떤 고객보다도 최선을 다해 바롱이의 스타일링에 신경을 쓰기 시작했다. 미용실에는 곰돌이컷을 부탁하고 앵두 목걸이도 목에 달아주었다. 공룡과 호박이 그려진 티셔츠나 오렌지 색상의 베스트 스타일 하네스로 친근감을 돋보이게 했다. 그건 꽤 효과적인 방법이었다.

워낙에 숨바꼭질을 좋아하는 마루와 아파트 공터를 산책하는 중간에 내가 몸을 숨기면 이내 나를 찾고는 좋아하고 자기도 숨는다. 그러나 바롱이는 시야에서 조금만 내가 사라져도 얼음이 되어버린다. 그런 모습에 얼른 나타나면 엄청나게 화를 내며 짖는다. '내가 얼마나 놀랐는지 알개? 나 놀래키지만 마시개! 다시 버리지 않을 거개?'라고 말하듯이 속사포로 짖어댄다. 그렇기 때문에 절대로 바롱이에게는 어떠한 장난도 치지 않았다. 항상 약속을 지켰고, 함부로 사라지지 않았다. 사료나 간식을 줄 때도 마루 다음에 규칙적으로 주며 서열을 지켰다. 바롱이는 브로콜리를 싫어해서 뱉어버리는 한이 있어도 같이 준다. 마루와 같이 너를 사랑한다는 표현이다. 오랜 기다림 속에 하나둘씩 녀석은 평범한 생활 패턴을 갖게 되었다. 정말 기적 같은 일이었다.

마루와 바롱이를 통해 '몸이 아픈 아이'와 '마음이 아픈 아이'에 대해 진지하게 생각하게 되었고 회사 파트너들에게 이를 의논했다. 다행히 그들은 같이 이러한 일을 진행하기로 동의해주었다. 우리는 순차적으로 문제가 있는 아이를 가진 부모나 실제로 장애를 가진 사람을 찾았다. 처음부터 중증 장애는 어려울 듯해서 틱 장애나 사회성이 부족한 사람들에게 기회를 주게 되었다. 자폐 아이를 가진 엄마에게도 일자리를 제공했다. 아이 치료 때문에 오후 4시에는 퇴근을 해야 하므로 아르바이트도 어려운 이들에게 일자리를 준다는 것이 쉽지는 않았다. 좋은 대학을 나왔음에도 사회성이 부족해 어려움을 겪는 사람들에게 일자리를 제공했고, 연령 제한으로 보육원에서 나온 친구들을 뽑아 기술을 가르치기 시작했다.

물론 그 모든 일들이 다 쉽게 해결될 수 있으리라 생각한 적은 없지만, 문제가 있든 없든 서로가 서로를 이해하고 신뢰하기 위한 물리적 시간이 필요했다. 기적 같은 일상을 감사한지 모르고 살았던 나는 마루로 인해 무엇을 위해 살아야 하는지 알게 되었고, 어렵고 힘들어도 그 일들을 하기로 결심했다.

몸과 마음이 아픈 아이들만 힘든 것이 아니다. 그들의 가족 또한 많은 희생을 치뤄야 한다. 영화 〈원더〉를 보면 장애를 가진 사람만이 아닌 가족들이 감당해야 할 고통의 무게를 알 수 있다. 신은 자식 대신 몸이 아픈 마루를 내게 보내셨다. 그리고 뒤이어 마음이 아픈 바롱이도 보내셨다. 그들과 함께 살며 살아가며 진정한 어른이 될 수 있는 기회를 신은 내게 주셨다. 감사한 일이다.

Maru's TIP

주말 저녁에 보기 좋은 동물 영화

인간 못지않게 동물들의 이야기, 인간과 동물의 관계를 다룬 이야기가 주는 즐거움과 감동은 남달리 흥미롭다. 집에서 가족과 함께 보는 한 편의 영화가 주말 저녁을 더 편안하게 만들어준다.

베일리 어게인 (라세 할스트롬 감독, 조지 게드, 데니스 퀘이드 출연)
아무 생각 없이 봤다가 엄청 울어버린 영화. 환생을 몇 번 하면서도 자신이 사랑했던 이든에게 가기 위한 베일리의 여정을 그려냈다. 매 순간 다시 태어나 사고로 죽거나 생을 다하고 죽는 사이, 사람들의 이야기를 재미있고 따뜻하게 그렸다.

꼬마 돼지 베이브 (크리스 누난 감독, 제임스 크롬웰, 마그다 조밴스키 출연)
베이브 제작자도 이 영화가 이렇게까지 성공하게 될 줄은 상상도 못했을 것이다. 우울할 때나 기운이 없을 때 보는 영화이다. 세상의 편견과 한계에 맞서 자신이 태어난 상황을 비관하기보다 사랑을 잃지 않고 최선을 다하는 꼬마 돼지 베이브의 감동스러운 이야기는 전 세계를 감동시켰다.

벤지 (조 캠프 감독, 팟시 거렛, 알렌 피우자 출연)
어린 시절 제일 좋아했던 영화로 'I feel love~'로 시작하는 OST는 정말로 유명했다. 떠돌이 개와 아이들의 우정을 그린 영화로 미제 도시락 박스에 그려진 벤지까지 시장의 수입 코너에 등장했을 정도. 〈돌아온 벤지〉로 다시 만들어졌다.

구조견 루비 (캣 쉐어 감독, 그랜드 거스틴, 스콧 울프 출연)
우리 주변에서는 참으로 많은 동물, 특히 강아지와의 일화가 많은 듯하다. 그만큼 영리하지만 사람을 위해 언제나 헌신적이고 사랑을 주는 생명체라 그런 듯 싶다. 처음엔 약간 지루한 듯하고 너무 뻔한 스토리같지만 꽤나 뭉클하고 감동적이다.

우리는 동물원을 샀다 (카메론 크로우 감독, 맷 데이먼, 스칼릿 조핸슨 출연)
실화를 바탕으로 만들어진 영화라는 사실이 놀랍다. 마음에 상처를 입은 가족이 폐장 직전의 동물원에서 생활하며 가족의 의미와 사랑을 깨닫게 되는 과정을 보며 역시 동물은 털복숭이 철학자임에 틀림없다는 사실을 다시 한 번 깨달았다.

레이싱 인 더 레인 (사이먼 커티스 감독, 케빈 코스트너, 아만다 사이프리드 출연)
경주용 자동차 레이서인 데니는 아내를 잃고 장인, 장모와 양육권 분쟁으로 힘들어한다. 이때 반려견 엔조에게 많은 위로를 얻지만 불의의 사고로 건강을 잃게 되고, 시한부 판정을 받은 엔조의 마지막 시간을 차에 태우고 함께 보낸다.

하치 이야기 (라세 할스트롬 감독, 리처드 기어 출연)
일본 영화 〈하치 모노카타리〉를 리메이크했다. 아주 오래 전 일본에서 이 영화를 보고 엄청 울었다. 주인공 리처드 기어로 인해 전 세계적인 이야기가 되어 굉장히 세련된 느낌으로 변했지만 그래도 애절한 마음은 그대로이다.

옥자 (봉준호 감독, 틸다 스윈튼, 안서현, 변희봉 출연)
봉준호 감독의 천재성을 다시 한 번 입증한 넷플릭스 영화. 인간의 탐욕에 대한 근본적 질문, 자본주의와 환경, 가족에 대한 의미를 던진다.

카모메 식당 (오기가미 나오코 감독, 고바야시 사토미, 카타기리 하이리 출연)
심플하고 세련된 라이프스타일의 정수를 보여주며 세상 모든 것들에 대해 기다리며 순응하는 아름다움이 무엇인지 알려준다. 사치에와 핀란드에 같이 살고 싶은 마사코는 "이 고양이를 맡게 되어 떠나기 어렵게 되었어요"라는 말을 하고 그곳에 남는다.

샬롯의 거미줄 (게리 위닉 감독, 줄리아 로버트, 다코타 패닝 출연)
너무 작게 태어나 죽을 위험에 처한 돼지 윌버는 다정한 거미 샬롯을 농장에서 만나게 된다. 샬롯과 농장 동물들과 함께 만들어가는 기적 같은 이야기로, 다코타 패닝의 어린 시절 천재 연기를 볼 수 있다.

몸이 아픈 아이, 마루

마루는 매일 아침저녁으로 인슐린 주사를 맞아야 한다. 눈치빠른 마루는 내가 주사기를 들거나 냉장고에서 인슐린 병을 꺼내기만 해도 '꼭꼭 숨어라 머리카락 보인다'를 한다. 벌써 5년 정도 매일 아침저녁으로 주사를 맞는데, 누워 있을 때 주사기를 들이대면 어떤 때는 등을 보여주지 않고 배를 위로 하고 버티기로 들어선다. 그럼 나는 등의 가죽을 잡아당겨 주사를 투여하는데, 등에 넣는 이유는 통증이 적기 때문이라고 한다. 얼마나 싫으면 도망 다닐까 싶어 마음이 아프다. 그런데 더 짠한 것은 말을 잘 듣는 마루는 "이리 와" 하면 포기한 듯이 등을 보이고 내 앞에 앉아 고개를 푹 숙인다. 그럴 때는 주사를 놓기 전에 먼저 마루를 뒤에서 꼭 안아준다. "아프게 해서 정말로 미안해" 하고.

처음부터 마루에게 당뇨병이 있었던 것은 아니다. 먹는 것을 너무도 좋아하는 우리 집 환경 때문인지 자책도 해본다. "그렇다고 모든 강아지들이 당뇨에 걸리지는 않죠"라는 병원 원장님의 말씀에 조금이라도 위안을 받지만 병이 없어지지는 않는다. 당뇨로 인한 합병증인지 아니면 정말로 유전적 결함이 있는지 모르지만, 마루는 아픈 곳이 많아도 너무 많다.

처음 우리 집에 오고 한달이 지나자마자 첫 번째 수술을 받게 되었다. 그렇게 시작된 수술이 빙산의 일각이라는 것을 그때 알았다면 식생활에 신경 썼을 텐데….

"마루 이빨 상태가 좋지 않은 듯해요. 청담동에 치과 전문 병원이 있다는데 한번 가보세요."

그 당시만 해도 강아지에 대해 몰랐던 나는 유치원 선생님 말을 듣고 놀란 마음에 바로 동물병원에 갔다.

"에고 이놈. 이빨 관리를 전혀 안 한 모양이에요. 여기 보세요. 거의 다 흔들리지요. 잇몸도 드러나 음식물 씹기도 힘들고 많이 아팠을 거에요."

마루의 이빨을 하나씩 흔드는데 보기에도 딱해 바로 수술 날짜를 잡았다. 2016년 12월 31일, 병원 스케줄에 맞춰 잡은 수술 날짜는 우연히도 그해 마지막 날이었다. 병원 근처에서 끝났다는 연락을 기다리며 시간을 보냈다. 쇼윈도를 들여다 보고 있는데 '수술 잘 끝나서 마취가 깨었어요. 어서 오세요'라고 문자가 도착했다. 병원 회복실에서 안쓰럽게 밖을 내다보는데 나를 찾고 있는 듯했다. 발치한 이빨을 확인하고 입 주변이 피로 물든 마루를 보니 가슴이 아파왔다. 앞니 6개를 발치하고 잇몸 수술을 한 마루의 병원 대장정은 이때부터 시작되었다.

강아지는 송곳니만 있어도 버틴다고 했지만 그마저도 사실 튼튼하지 않다. 건국대학교 병원에서도 마루의 남은 이빨이 흔들리기 시작한다고 걱정했다. 그때부터 나의 양치는 잊어도 매일 아침저녁으로 절대로 잊지 않고 하는 것이 강아지 칫솔질이다. 이빨이 안정을 찾기 시작하자 이번에는 엄청나게 귀를 긁어대기 시작했는데, 충격적인 것은 귓속이 온통 피로 범벅이 되어 딱지까지 두껍게 생겼다.

"아토피성 피부염이에요. 음식물 조심하고 귀 청소 깨끗하게 해주세요."

다시 유전자 이야기를 꺼내는 원장님의 말에 위로를 받고 일주일에 한 번씩 청소한다. 두려워하지 말고 귓속에 세정제를 가득히 넣고 가볍게 문질러준 후 "털어!" 하면 마루는 신나게 턴다. 바롱이도 처음에 집에 오자마자 석 달 정도는 귀에 생긴 염증으로 고생했다. 강아지들 대부분 귀 청소를 소홀히 생각하기 마련인데, 항상 청결을 유지해야 염증이 생기지 않는다. 마루는 한동안 양쪽 귀를 올려 핀으로 고정해 통풍을 원활하게 하고, 꾸준한 관리로 귀에 더 이상의 문제는 없어졌다. 이 정도의 치료는 정말로 행복한 일이다.

처음 마루의 당뇨를 알아챈 것은 너무 많은 양의 소변과 마시는 물의 양 때문이었다. '내게 강 같은 평화 내게 강 같은 사랑~'이라는 노래를 부르고 싶어질 정도로 옆에서 보면 엄청난 양이었다. 그런데 솔직히 한두 달 정도는 그게 잘못된 일인지조차 몰랐다. 주변에 당뇨 환자도 없거니와 강아지에 대해 잘 몰랐던 때라 잘못된 것인지 몰랐다. 그렇게 물을 마시니 당연히 소변 양도 엄청났다. 더군다나 식탐은 날로 늘어 식사를 눈치 보면서 하게 될 정도로 마루와 음식을 가지고 싸웠다. 뭔가 이상함을 느껴 병원에 가니 당뇨 수치가 높아졌다. 2018년, 당뇨병 판정을 받았다.

처음 1년 좀 넘게 다니던 병원에서 당뇨 치료를 받았다. 그런데 서비스가 아무리 좋아도 나이 든 의사 선생님들은 주의해야 할 점이 있다. 대부분 젊은 선생님들은 검사도 자주 하자고 권하기 때문에 자칫 바가지를 씌운다고 생각하지만 그렇지 않다. 나이가 많은 동물병원 원장님들이 모두 그렇지 않겠지만, 마루의 경우에는 병을 키우게 된 원인이 원장님의 불필요한 친절과 안일함 때문이었다.

보통 인슐린 약은 액체 안에 캡슐이 있어 매우 예민하게 보관해야 한다. 우선 냉장 보관을 해야 하고, 빛이 들어가서도 안 되고, 충격이 가해지면 알갱이들이 깨진다. 그렇기 때문에 인슐린 전용 주사기를 사용해야 알갱이가 체내에 침투된다. 그런데 인슐린 주사기가 비싸다는 이유로 일반 주사기를 사용하게 했고, 주사기에 빛이 들어가지 않도록 주의를 주지도 않았다. 우연히 회사 앞 동물병원에 호텔링을 하다 그 사실을 알게 되었다. 젊은 수의사의 "이상하네요. 모르실 리가 없는데. 저희 병원도 좋지만 다른 곳에서 다시 한 번 검사를 받아보시면 어떠세요?"라는 말에 나는 추천서를 받아 건국대학교 동물병원에 예약을 했다. 다양한 종류의 동물들이 오기 때문에 예약이 많이 밀려 있는 데다 일반 병원에서 추천서를 받아야만 진료를 받을 수 있다. 인간과 똑같다.

"일반 주사기를 사용하면 안 되는 데다 인슐린을 그렇게 보관하면 아무 소용이 없어요."

지금도 그 생각을 하면 화가 치밀어오른다. 1년 이상을 관리하는데 호전되지 않고 당뇨가 악화된 이유를 생각하면 도대체 지금도 왜 그랬는지 친절한 원장 선생님에게 가서 따져 묻고 싶다. 당뇨 선이 너무 급격한 그래프를 그리는 데다 가장 위험한 케톤산증이 나타나 장기 입원이 결정되었다. 일단 당뇨 그래프가 완만한 곡선이 그려지고 케톤산증이 사라질 때까지 그리고 인슐린 종류와 용량을 마루에게 얼마를 맞출지 알아낼 때까지 입원해야 했다.

온화하고 허당기가 있는 마루는 의료진과 원무과 선생님들에게 예쁨을 받아 그나마 안심할 수 있었다. 정말 가족이 병원에 입원한 것처럼 출근 전이나 퇴근 후에 병원에 들러 마루의 상태를 확인했다. 내가 자주 보이면 마루가 안정을 취할 수 없다는 말에 선생님들 간식만 챙겨 갈 때도 있었다. 병문안을 간 나는 원무과에 앉아 있는 마루를 보고 깜짝 놀란 적도 있었다. 순한 마루 성격으로 낮에는 원무과에서 지내는 특혜를 얻게 된 것이다. '전화라도 받니?'

그렇게 2주 정도 입원한 어느 날, 케톤도 사라지고 당뇨 그래프

곡선도 완만하게 되어 마루는 퇴원할 수 있게 되었다. 그러나 퇴원하기 위해서는 3차 의료기관인 건국대학교에서 보낸 데이터로 인슐린 약을 처방해줄 수 있는 2차 병원을 새롭게 찾아야 했다. 결국 마루는 사람에게 사용하는 인슐린 원액을 그대로 맞아야 했고, 지금도 정기 검진을 통해 계속해서 용량을 맞춰가고 있다.

아침저녁으로 인슐린 주사를 맞아도 사람 좋아하고, 호기심 많고, 놀기 좋아하는 마루를 데리고 열심히 산책도 하고 출근도 했다. 그런데 나의 문제 중에 하나가 출장이 많다는 점이다. 주사 투여로 인해 인근 반려동물 호텔이나 유치원에서는 마루를 받아주지 않는다. 어느 날은 싱가포르 출장지에서 돌아와 하루만 한국에 머물고 다시 영국으로 떠나야 할 때가 있었다. 그런데 하루밖에 없는 시간을 마루와 보내기 위한 계획은 틀어져버렸다. 마루의 까만 눈이 이상하게 느껴졌기 때문이다.

마루를 데리고 병원(그때 처방을 잘못해준 그 병원)에 갔더니 당뇨로 인해 눈에 염증이 생긴 것 같다고 했다. 약을 처방받고 나는 떨어지지 않는 발걸음으로 다시 영국 출장길에 올랐다. 화상통화로 어머니와 외숙모는 연신 괜찮다고 나를 안심시켰지만 일은 터지고야 말았다. 한국에 돌아오니 마루의 한쪽 눈은 하얗게 변해 있었고 산책을 할 때도 장애물에 부딪히거나 하수구에 발이 빠져버렸다. 눈이 보이지 않게 된 것이다. 나야말로 눈앞이 깜깜해지는 듯했다.

마루는 직장과 가까운 '청담 눈초롱 동물병원'에서 백내장 진단을 받았고 수술을 받았다.

"백내장이라고 해서 모두 수술을 받을 수 있는 건 아니에요."

치와와처럼 생긴 안과 원장님(그분의 반려동물이 치와와라는 사실을 알고 놀랐다)의 말씀에 가슴이 철렁 내려앉았다. 그럼 계속 보이지 않은 채로 살아야 하는지 두려웠던 것이다. 백내장은 혼탁과 성숙에 따라 초기 백내장, 미성숙 백내장, 성숙 백내장, 과숙 백내장 4단계로 나뉜다. 수술을 받을 수 있는 단계는 2~3단계로, 마루는 다행스럽게 그 단계에 속했다.

인공 수정체를 넣기 위해 연예인들이 하는 앞트임을 하고 백내장으로 손상된 수정체를 꺼낸 후 인공 수정체를 넣었다. 3일 정도 병원에 입원하고 퇴원한 마루의 눈은 까맣게 되었지만 밝은 곳에서 보면 인공 수정체가 보였다.

"백내장 수술을 하고 한동안은 조심해야 합니다. 인공 수정체가 마루에게 잘 맞고 있는지도 체크해야 하지만 무엇보다도 포도상구균이나 녹내장에 감염되지 않도록 주의해야만 합니다."

온갖 안약과 가루약을 받은 마루는 집에 돌아와 산책을 나갔다. 다시 세상을 볼 수 있게 된 것이다. 그러나 기쁨도 잠시. 수없이 안과를 다시 들락날락해야 했다.

"인공 렌즈가 안착은 잘된 듯하지만 계속 감염이 되네요. 안구 건조도 심하고요."

포도상구균에 감염되면 녹내장으로 진행될 수 있기에 하루 종일 알람을 2시간마다 맞추고 회사에서도, 길가에 차를 세우고서도 안약을 투여했다. 어떤 약은 인슐린처럼 냉장 보관해야 해서 보냉백을 들고 다니며 안약을 넣었다. 그래도 마루의 시력을 다시 찾을 수 있게 된 것만으로 감사했다.

그렇게 마루는 병원을 들락거리며 2년 여를 잘 보며 살았지만 결국 걱정하던 일이 일어났다. 항상 그렇듯이 마루는 내가 출장으로 집을 비웠을 때 꼭 아프다. 한국에 돌아오니 계속 감염되던 오른쪽 눈에 희끗희끗한 것이 보였다. 병원에 가니 다시 포도상구균에 감염되었는데 이번에는 느낌이 좋지 않았다. 몇 번 주사를 맞고 약을 넣으면 가라앉았던 눈은 이제 완전히 하얗게 변했다. 감염된 채로 너무 오래 있다 보니 녹막염이 왔다는 것이다.

"백내장 수술을 하고 제일 무서운게 녹막염에 감염되는 거예요. 녹막염에 걸리면 더 이상 수술을 할 수도 없으니 조심하세요."

백내장 수술을 처음 받은 때부터 주의를 받았건만, 도대체 어떻게 이런 일이 일어날 수 있는지 갑갑하고 속상했다. 처음엔 마루의 시력을 다시 찾게 해달라 기도했다. 시력을 잃게 되자 눈을 적출하지 않도록 기도했다. 그리고 다시 당신 뜻에 따를테니 아프지 않게 해달라 기도했다. 그런데 고통스러워하는 마루를 보며 어떤 결과에도 모두 당신 뜻에 따를테니 그저 마루를 지켜달라 기도하게 되었다. 그렇게 눈물로 며칠을 보내다 마지막엔 그저 감사 기도밖에 나오질 않았다.

주여! 마루를 보내주시어 주님께 감사합니다
저를 불쌍히 여기시어 마루를 지켜주소서

병원 원장님이 마지막 방법으로 주사액을 투여해서 감염을 멈추게 하자고 했다. 이미 시력을 잃은 상태지만 문제는 강아지에 따라 수정체가 완전히 쪼그라들 수도 있는 위험이 있다고 했다. 그리고 무엇보다 주삿바늘이 너무 커서 마취를 하고 시술을 해야 한다고 했다. 그 방법이 마루에게 통할지 모르는 상황에서 결정은 보호자가 해야 했다. 마루의 눈이 비록 인공 수정체라고 해도 하느님이 주신 눈을 적출하고 싶지 않았다. 시술 전날, 나는 마루에게 한우를 먹이고 30분 동안 껴안은 채 울었다. 평소 귀찮은 것을 싫어하는 마루는 내가 울어서 그런지 눈물이 멈출 때까지 가만히 기다려주었다. 마치 모든 것을 이해한다는 듯이.

다행히 시술은 성공했고 마루의 눈을 지킬 수 있었지만, 동공은 점차 작아졌고 점막이 그 위를 덮기 시작했다. 어떤 사람들은 마루의 눈이 오드아이처럼 보이는 듯 신기해하고 어린 나이를 듣고 나면 더 놀라워했다. 9살이 된 마루는 지금도 안약을 매일 넣고 잇몸에 좋은 특수 치약으로 양치를 하고 인슐린 주사도 맞는다. 마루는 행복할까? 몇 번을 생각하고 또 생각했다. 앞으로 얼마나 수명이 남아 있는지 모르지만 마루가 행복한지도 궁금해지기 시작했다. 이렇게 주사를 맞고 온갖 약을 넣고 먹고 검사하는 모든 것이 힘겨운 건 아닐까.

철학자 마크 롤렌즈의 《철학자와 늑대》를 읽다 나도 모르게 눈물을 흘렸다. 어린 늑대가 어느 덧 세월이 지나 나이가 들자 병에 걸리기 시작했다. 항문샘이 내성 황색포도상구균에 감염되어 피범벅이 되자 결국 절개수술을 하게 되었다. 감염 부위를 2시간마다 소독하고 주사를 놓을 때마다 늑대를 구석으로 몰아 목덜미를 잡고 위에 올라타 제압한 후 처치를 하는 과정에서 그는 두려워지기 시작했다. 11년을 함께 한 늑대의 고통을 줄여주고 죽음을 늦추고 싶은 마음에 행했던 모든 치료가 고문처럼 느껴지고 있는 것은 아닌지 작가는 혼란스러워했다. 그리고 늑대가 더 이상 사랑받지 않는다고 생각할지도 모른다는 사실이 가장 두려웠다.

내가 그랬다. 작가의 마음이 너무도 이해가 되었다. 내가 두려워지기 시작한 것은 마루가 과연 행복한지에 대해 생각하면서부터였다. 며칠을 고민하다 이렇게 결론을 내렸다. 마루는 모든 치료가 힘들고 귀찮고 아플 것이다. 그러나 나와 함께하는 모든 시간들이 마루는 행복할 것이다. 그 사실만 기억하고 최선을 다해 마루와 행복한 시간을 보내자고 결심하며 두려움을 이겨내고자 했다.

회사 파트너인 김혜진 대표의 아들이 13살 나이에 혈액암 판정을 받았다. 그리고 몇 년동안 항암 치료를 하고 다행스럽게 아들은 호전

되어 다시 학교에 가게 되었다. 그 시간을 이렇게 몇 문장으로 썼지만 그 가족의 고통과 헌신, 눈물과 감동을 어떻게 한두 줄로 쓸 수 있겠는가. 그 아들이 싱가포르에서 학교를 가게 된 첫날 아침 한 장의 사진이 문자로 전송되었다. 그것은 오랜 항암 치료와 몇 번의 수술을 거쳐 완치 판정을 받은 아들이 다시 학교로 돌아가던 날, 백팩을 메고 등교하는 뒷모습이었다. 나는 그 사진을 보며 한동안 눈물을 흘렸다.

장애는 틀린 것이 아니라 다를 뿐인데, 현실은 아이나 부모가 감당하기 참으로 가혹하다. 그러나 서로가 서로를 의지하고 용기를 주며 세상에 맞서 살아가야 한다. 집에 아픈 아이가 있으면 부모의 모든 관심과 정성은 아픈 아이에게 편중된다. 이때 문제가 발생한다. 어쩔 수 없이 한쪽으로 집중된 관심은 다른 한쪽을 외롭게 만들기 때문이다. 바롱이는 마루의 모든 것을 질투했다.

마음이 아픈 아이, 바롱

바롱이는 들판에서 입양했다. 처음 집에 왔을 때를 기억하면 아직도 고개가 절레절레될 정도로 극심한 정서 불안에 많이 짖는 아이었다. 거기에다 어리기 때문에 에너지도 엄청나 모든 것이 서툴고 거칠고 예민했다. 그렇다고 딱히 짖고 거칠어도 공격적이지는 않았다. 그저 짖고 거칠었다. 그러나 강형욱 개통령이 영상에서 "왜 가만히 두세요. 지금 깨물잖아요. 그걸 가만히 두면 그래도 되는지 알고 진짜 공격하는 개가 되는 거에욧!"라고 소리치는 장면을 본 적이 있다.

안 무서운 건 내 생각이다. 지금은 두려움에 짖다가 뒷걸음치지만 아무런 제재가 없으면 결국 달려들어 공격하고 말 것이다. 풍차에 달려드는 돈키호테마냥 검은 옷을 입은 남자 어른이나 덩치가 큰 사람, 트럭이나 오토바이에게 짖지만 언젠가는 누군가를 공격할 것이다. 나를 지켜주겠다는 것인지, 아니면 이제 자기도 든든한 백이 생겼다는 것인지는 몰라도 내가 있으면 더 짖었다. 교육이 필요했다. 이름도 똑같으니 미스코리아 머리를 하고 우리 금쪽이, 바롱이와 심리전을 펼쳐야 할 상황이다.

마루와의 삶은 말 그대로 평온함 그 자체였다. '음식과의 전쟁'만 있을 뿐 마루는 작은 철학자 같았다. 그를 통해 나는 온화함의 위대함을 배웠고 감정을 조절하지 못하는 행동이 얼마나 어리석은 일인지도 깨달았다. 사실 이 글을 썼던 어제도 감정 조절을 못하고 업체와 큰소리를 내고 말았다. 어리석다고 쓴 글이 무색해진다. 마루는 누구에게나 똑같이 온화하고 관대하다. 강아지를 싫어하는 사람조차 좋아하게 만들었고 시끄러운 아이들에게도 너그러웠다. 그러니 어딜 나가든 마루는 아이돌급 인기를 한몸에 받고 다녔다. 나는 느릿느릿 걷는 마루의 곁을 경호하는 보디가드처럼 걷기만 하면 되었다.

그와 반대로 바롱이는 모든 것에 짖었다. 위협적이다 싶으면 자기보다 훨씬 덩치가 커도 엄청나게 짖었다. '너 내 손에 죽을래! 죽기 살기로 담판 지을까. 그러니까 저리 꺼져버려!' 멀리서 걷고 있어도 목줄이 당겨 캑캑 소리를 내면서도 짖는다. 상대 강아지가 순하면 다행이지만 '너 이 자식, 콩알 만한 것이 어딜 대들어! 너야말로 죽을래!'라는 듯이 달려들기 시작하면 온 동네가 떠나갈 듯 시끄럽게 된다.

어떤 때는 귀엽다고 인사하는 사람들에게조차 악을 쓰며 짖어댄다. '너 싫어! 너도 싫고! 너도 싫어! 다 싫으니까 다가오면 죽을 줄 알아!'라는 것처럼 악을 쓰고 짖어대면 마루는 처음 보는 광경에 놀란 듯이 내 옆에서 멀뚱히 쳐다본다. 그러니 산책만 다녀와도 모두 녹초가 되었다. 마루에게 미안한 마음도 있지만 무엇보다도 바롱이 본인이 제일 힘들 것이다.

예민한 성격으로 인해 산책할 때마다 긴장할 수밖에 없으니 사람이 없는 시간대를 다니기 시작했다. 그러나 어쩔 수 없이 사람을 맞닥뜨릴 때가 있다. 아파트 단지에는 여러 견종을 볼 수 있는데 그중에서 검은색 스탠더드 슈나우저와 화이트테리어에게 유독 예민했다. 바롱이의 '격렬한 짖음' 때문에 민망해하는 건 내 몫이다. 멀리서 보호자들의 모습만 봐도 나는 강아지들을 무리하게 이끌고 다른 길로 간다.

몇 해 전 BBC에 깜짝 출연으로 인해 아버지를 난처하게 만들어 전 세계적으로 화제가 된 여자아이처럼 마루는 '왜 그러개?'라는 억울한 얼굴을 하고 억지로 따라온다. 바롱이와 다닐 때는 매번 미안하다는 말을 입에 달며 죄인처럼 다녀야 했다. 지나가는 오토바이 아저씨도 어떤 때는 화를 내거나 길을 지나는 사람도 호통을 칠 때도 있었다. 아이가 지나가면 멀쩡히 가다가도 다른 길로 돌아서 가게 된다. 바롱이는 사실 모두와 친해지고 싶지만 친구를 사귀는 것도, 사람들에게 인사를 하거나 산책을 하는 방법에 대해서도 모두 서툴렀다. 싸우는 건지 싶어 영상을 찍어 유치원과 동물병원에 가져갔더니 장난치는 거라고 한다. 바롱이는 같이 잘 지내고 싶은데 어떻게 해야 할지 모르면 화부터 먼저 내는 사람 같았다.

그에 비해 마루는 상대 강아지를 만나면 조용히 엉덩이 쪽으로 가 인사를 하니 강아지들에게도 인기가 만점이다. 그러다 보니 언제나 마루는 인사 시간이 길다. 그러면 바롱이는 슬그머니 내 뒤로 와서 다른 곳을 향해 가자고 한다. 안쓰럽고 딱할 뿐이다.

유튜브를 수없이 보며 방법을 찾기 시작했다. 우선 내가 변해야 했다. 나는 미어캣처럼 멀리서 다가오는 장애물이 보이면 바롱이의 관심을 다른 곳으로 유인하거나 앉는 훈련을 시킨 다음 간식을 주며 안심시킨다. 처음엔 소리도 지르고 화도 냈지만 아이들은 왜 화를 내는지 영문을 모른다는 말에 다음부터는 리드줄을 잡아 당기거나 바롱이 앞에 가로막고 흥분이 가라앉을 때까지 기다렸다. 이것이 효과적이었는지, 점차 바롱이는 오토바이나 검은 옷을 입은 남자를 봐도 짖지 않게 되었다.

간혹 자신이 위협적이라고 생각이 들 땐 아직도 짖는다. 그럴 때 '무섭구나'라며 지나가는 사람도 있지만 짜증이나 화를 내는 사람도 있다. 매번 미안하다 하면서도 욱하는 마음에 싸움도 몇 번 했다. 모든 사람이 강아지를 좋아할 수는 없지만 다짜고짜 반말로 시작하거나 재수 없다는 이야기를 들으면 상대가 누구든 간에 화가 치밀어 오른다. 자존심이 상해서가 아니다. 그저 점점 나아지고 있는 바롱이 대신 싸워야 할 것 같아 화를 낸 적도 있다.

사람 때문에 상처를 입은 아이가 이제 많이 나아졌다 말하고 싶지만 상대방이 위협적이라고 느낀다면 이해해달라 요구할 수는 없다. 그래도 섭섭하고 속상했다. '바롱아. 조금만 더 노력하면 이제 괜찮아질 거야'라고 다독이며 집으로 돌아간다. 바롱이는 집으로 가는 복도로 들어서기만 해도 귀를 뒤로 펄럭이며 냉큼 뛰어간다. 오토바이도 화내는 아저씨나 아줌마도 없는 집에 빨리 돌아가고 싶다는 듯 어떤 때는 스텝까지 밟으며 집으로 뛰어간다. 이제 그에게는 '집'이 생긴 것이다. 그러면서 생각하게 되었다. 마음이 아픈 아이들과 그 가족의 마음을.

우리 회사에는 경증 장애를 가지고 있는 직원이 있다. 여기저기 일할 수 없는 조건이라 고생했는데 받아준다 하니 기뻤던 것 같다. 아들은 어머니를 따라 고향에 가지 않았고, 어머니도 그런 아들을 홀로 두고 집으로 돌아갔다. 그 친구는 정말 성실하게 일을 하지만 서툴렀고, 일반 직원만큼 빠르지는 못했다. 더군다나 긴장을 하면 틱 장애가 심해지는데, 한번은 고객이 자신을 무시한다며 고성을 지르고 난동을 부렸다(그야말로 정말 난동이었다). 아무리 설명을 해도 소용이 없었다. 본인은 물론이고 준비되지 않은 채로 수모를 당한 팀장도 마음의 상처를 받게 되었다.

좋은 일을 한다고 생각했지만 우리는 장애가 있는 친구들과 어떻게 일을 해야 하고, 어떤 준비를 하고, 어떤 대처를 해야 하는지는 미리 준비하지 못했던 것이다. 프라이버시 문제라고만 생각해서 처음부터 장애가 있다는 사실을 밝히지 않아 미숙한 대응에 고객의 언성이 더 높아진 것이다. 좋은 일도 나만 좋으면 안된다.

"저는 그 친구가 장애가 있다는 이야기를 하면 본인에게 실례가 된다는 것만 생각했어요. 나중에 그 친구와 처음으로 많은 이야기를 나누었어요. 언제부터 장애가 생겼는지, 어느 병원을 다니고, 이런 일이 있을 때 곁에서 어떻게 대응하면 좋은지 직접 물어보니 훨씬 서로에게 신뢰가 생겼어요."

화난 고객으로 인해 마음 상한, 애꿎은 카페 신수진 팀장이 하는 말에 미안한 마음이 들었다.

아주 오래된 직장 동료가 있다. 그녀는 멋지고 세련되고 능력 있는 디자이너라 유명 브랜드에서 일을 도맡아 했다. 우연히 만나 안부를 묻는데 그녀가 보여준 사진 속의 아이가 이상하다. 말문이 막힌 채 가만히 있는 내게 그녀가 담담하게 말한다.

"맞아. 다운증후군이야. 나 너무 많이 힘들었어. 울어도 좋고, 위로해줘도 좋아."

내가 불편하지 않게 미리 말해주는 그녀에게 얼마나 많은 일들이 있었을까 생각하니 너무 안쓰러워 그 앞에서 펑펑 울었다. 어디서 울 기회도 없었던 듯 그녀도 같이 눈물을 흘리며 말했다.

"내가 낳기도 겁을 냈던 그 아이가 지금 내게 얼마나 많은 행복을 주는지 몰라. 그저 건강하게 오래 살 수 있으면 좋겠어."

결국 그녀는 아이 뒷바라지를 하기 위해 회사를 그만두고 시간을 자유롭게 쓰기 위해 개인 브랜드인 '벵디'를 오픈했다.

세상을 살다보면 '내게는 절대 일어나지 않을 거라 생각하는 그런 일'이 아무렇지도 않게 일아난다. 그런 일은 예고도 없고, 사람을 가리지도 않고 한순간을 사이에 두고 일어난다. '내게는 그런 일'이 터지고, 그 일이 점차 일상으로 느껴지는 때를 맞이하기까지 얼마나 많은 눈물과 고통을 견뎌야 하는지 모른다.

요시모토 바나나의 《데이지의 인생》에서 데이지는 어린 시절, 하루 아침에 교통사고로 엄마를 잃고 평생 트라우마 속에 살아가는 소녀이다. 엄마를 잊지 않기 위해서 이모네 오코노미야키 가게에서 일을 한다. 마음을 드러내지도 않는 데이지를 주변 사람들은 그저 묵묵히 기다려줄 뿐이다. 겉으로는 괜찮은 듯하지만 매일 아침 악몽에 눈을 뜨는 데이지는 필사적으로 '잘 살기 위해' 노력하고 있기 때문이다.

에버랜드에서 오랫동안 근무하다 특수 동물병원을 개원한 오석헌 원장님께 바롱이를 데리고 갔다. 원장님은 대뜸 내게 물었다.

"바롱이가 행복할까요?"

갑자기 훅 들어온 질문에 나는 아무 말도 할 수 없었다.

"바롱이는 아침마다 눈을 뜨는 것이 힘겨울지 몰라요. 바롱이의 소심하고 예민한 성격은 트라우마보다 선천적인 경향이 더 큰 것 같아요. 아마 본인은 많이 힘들 거예요."

어려운 점도 많지만 습득이 빠른 바롱이를 키우면서 '원래 보호자들은 왜 유기했을까' 생각해본 적이 몇 번 있다. 발견했을 당시에도 미용한 흔적이 보였으니 분명 잘 키워보려고 했던 것도 같다. 원장님의 말씀처럼 예민한 성격의 바롱이를 키우는 것이 생각처럼 쉽지는 않겠지만 마루와 함께 오래 건강하게 함께하기를 기원해본다.

바롱이가 혼났다. 아주 크게 혼이 났다

바롱이는 우리 집에 와서 처음에는 모든 것을 무서워했다. 특히, 검은 옷을 입은 남자(아마도 공장 직원들을 떠올리는 듯), 대형 트럭이나 오토바이(국도에 유난히 많이 보였던 차종으로 일반 자동차는 괜찮다), 뛰어가는 사람이나 움직이는 것에 유난히 민감했다. 심지어 바람에 날아가는 검은색 비닐 봉지까지. 작은 몸집인데도 목청이 커서 언제나 사람들을 혼비백산 놀라게 하거나 무섭게 만들었다.

대부분의 사람들은 바롱이의 이런 모습에 화를 냈고, 간혹 허허 웃으며 "강아지가 그럴 수도 있지요"라고 말하며 지나가는 이들도 있었다. 그런 모습을 보며 나도 어떤 상황에서도 관대하게 행동하기로 다짐하지만 쉽지 않은 일이다. 그러다 보니 건강하지 않은 아이를 가진 부모의 마음에 대해 정말 많은 생각을 하게 되었다.

바롱이와의 생활은 쉽지 않았다. 처음에는 그저 동정이었다. 그런데 3년이 지난 어느 날, 내가 얼마나 바롱이를 사랑하게 되었는지 알게 되는 일이 생겼다. 그날도 여느 날과 같이 아침 산책을 나간 때이다. 새벽마다 나가던 산책을 프레젠테이션 준비로 인해 조금 늦게 나갔다. 바롱이를 입양하고 나서는 가능하면 사람들이 없는 새벽에 나갔지만 그날만큼은 부득이하게 해가 다 뜬 아침에 나갔더니 다른 강아지들도 산책에 나와 있었다. 지금도 그 이유는 모르겠지만 바롱이가 유난히 짖어대며 싫어하는 몇 마리의 강아지가 있다. 대부분의 강아지를 만나면 잘 놀거나 혹은 외면하는데, 정말로 죽을 힘을 다해 짖어대면 그 보호자에게도 민망하여 멀리서 보면 도망 가기 일쑤다.

그날도 바롱이가 유난히 짖어대는 화이트테리어와 보호자가 멀리서 보였다. 나는 바롱이의 리드줄을 더욱 바짝 잡아 내 곁에 두고 차 뒤에 숨어서 있었다. 그런데 바롱이가 그 화이트테리어를 본 모양이다. 칸초라는 이름의 화이트테리어는 걸음도 유난히 느린 할아버지 강아지로 사실 바롱이가 처음 우리 집에 왔을 당시에는 칸초를 잘 따랐는데, 어느 순간부터 죽기 살기로 바롱이가 짖어대기 시작한 것이다.

그런 이유로 그날도 숨어서 그들이 지나가길 기다리고 있었는데 내가 한순간 방심하고 리드줄을 놓쳤다. 눈 깜짝할 사이 바롱이는 리드줄을 질질 끌며 뛰쳐가 짖어댔다. 느림보 마루가 움직이지 않고 있어 억지로 끌고 가다 보니 나도 시간이 지체되었다. 바롱이는 격렬하게 짖어댔고, 언제나 온화한 보호자는 처음엔 당황하더니 이내 위험하다 생각했는지 손바닥을 보이며 소리를 질렀다. 순간 바롱이는 멈칫하고 뒤로 물러섰다. 그 모습에 보호자는 더욱 다가서며 소리 질렀다.

"멈춰!"

바롱이 성격상 두려움에 혹은 나를 보호하겠다 겁을 주는 것일 뿐 먼저 공격하지 않는다. 모든 보호자가 그렇게 말하여 문제가 발생하겠지만, 오랜 시간 바롱이를 지켜본 결과가 그렇다. 바리톤급 저음의 보호자가 소리를 지르니 두려움은 더했던 것 같다. 더군다나 한겨울이라 패딩까지 중무장한 아저씨가 무서웠는지 바롱이는 꼬리를 내리고 주변을 살피며 집에 가자 리드줄을 당기기 시작했다. 그리고 집에 들어서자마자 자기 집 안에 들어가 몸을 웅크렸다.

"바롱이 왜 저래?"

그 모습에 놀라 어머니가 묻는다. 처음엔 어쩌려고 데려왔나 걱정하고 화를 내던 어머니는 바롱이와 살면서 그 매력에 빠졌다. 그리고 그의 두려움을 느끼기 시작하고부터는 평소 발걸음마저도 조심하며 살게 되었다. 자초지종을 설명하니 "그 사람도 놀랐겠지. 이해는 가는데 바롱이가 안쓰러워 어쩌니. 문 닫는 소리에도 놀라는 앤데. 그 사람 마음도 알겠고, 바롱이가 얼마나 무서웠을지 생각하니 마음이 아프다." 정말로 딱 내 마음이 그렇다.

내가 외출하려면 현관에서 만세를 부르며 하네스를 매라고 등을 대는 바롱이는 그날 사료를 먹으라고 불러도 자기 집이 있는 내 방에서 나오질 않고 밖을 바라보기만 했다. 3년이 걸려 마음의 문도 열어 안정도 찾고 까불거리는데 다시 마음의 문을 닫아버린 듯하여 걱정스러웠다. 사실 바롱이는 장난을 쳐도 마루와 다르다. 마루는 두려움도 거침도 없다. 워낙 전에 있던 집에서도 사랑을 받았고, 어쩔 수 없이 내게 입양을 왔기에 언제나 당당하다. 그런데 바롱이는 까불거려도 이내 눈치를 본다. 내가 마루와 장난을 치면 먼 발치에서 바라보다 집으로 들어간다. 그런 바롱이가 하루종일 의기소침하게 자기 집 안에만 있으니 제 딴에 얼마나 놀랐고 무서웠으면 저럴까 싶어 어머니와 나는 밤까지 속상해했다.

그러니 다른 수많은 학대받는 동물들이 얼마나 작은 몸짓도 두려워 떨고 있을까. 외롭고 무섭고, 그나마 이렇게 구조되어 잘살고 있는 아이들도 있지만 지금도 철창이나 길거리에서 떨고 있는 아이들이 더욱 많을 것이다. 그런데 이때쯤 나온 기사가 나의 마음을 더욱 무겁게 했다. 추운 날 속옷 바람으로 홀로 생을 마감한 초등학생의 이야기이다. 며칠 동안 그 아이의 생각으로 얼마나 마음이 무겁고 목이 메었는가. 무섭고, 아프고, 배고프고, 고독하고, 희망도 없이 그 어린아이는 무엇을 생각하며 죽어갔을까. 초등학생 아이도 그렇지만 두 살배기 어린 아이는 방에서 외롭게 배고파하며 울며 죽어갔다.

수많은 학대받는 아이들과 동물들을 위해 내가 어떻게 살아야 할지, 할 일은 많은데 도대체 무엇을 어떻게 해야 할지 매번 좌절하게 된다. 그저 내가 경제적으로나 영향력으로 무엇인가 도움이 될 수 있는 인간이 되기를 바랄 뿐이다. 그건 정의감도 동정심도 아닌 내가 지금까지 살아온 날들이 기적 같은 인생이라는 것을 깨달았기 때문에 허투루 살고 싶지 않은 마음에서 비롯된 것이다.

글을 쓰고 있는 새벽 3시, 돌아보니 바롱이가 자기 집에서 깊이 잠들어 있다. 여기저기 돌아다니며 잠을 자는 마루와는 달리 자기 집에서만 잠을 자는 바롱이가 쌕쌕거리며 자는 모습이 영락없는 아이의 모습이다. 곧 아침이 되어 잠을 깨면 어제 있었던 일을 잊고 다시 까불거리는 바롱이가 되었으면 참으로 좋겠다.

4

가까이
더 가까이

나만 기다리지 않는다.
마루와 바롱이도 나를 기다려줄 때가 많다.
우리는 그렇게 서로가 서로를 기다리며
오래오래 함께 살아가는 것이다.

우리 아이가 달라졌어요

외로움과 신심과 믿음과 사랑과 인내와 온유를 추구하십시오

_ 사도 바오로 티모테오 1서 말씀

오래 전 인기리에 방영되었던 TV 프로그램 〈우리 아이가 달라졌어요〉는 교육을 통해 아이가 변화되는 과정을 담아 화제가 되었다. 이름 한번 참으로 잘 지었다. 사랑을 담은 교육은 정말로 우리 아이를 다르게 만들 수 있다.

결혼한 적이 없는 나는 마루와 바롱이를 키우면서 정말로 많은 것을 느끼게 되었다. 식탐과 갖은 질병만 빼면 정말로 뭐 하나 부족함이 없는 마루는 병원에 갈 때마다 항상 인기를 모은다. 모든 강아지들이 그러하겠지만 유난히 케이지를 싫어하는 마루는 몇 가지 개인기로 병원에서 꽤 자유로운 생활을 보장(?)받게 되었다.

기본인 '손'을 비롯해서 위치만 살짝 바꾸면 되는 '하이파이브', '이거 먹고 싶은 사람'을 보여주면 사람들은 자지러진다. 물론 '앉아'와

'엎드려' 같은 옵션은 기본이다. 마루에게 이런 개인기를 가르친 이유는 사실 오랜 입원 생활과 치료라는 '웃픈' 현실 때문이다.

마루는 정말 아픈 곳이 많아 병원에 입원을 자주 하는 편이다. 백내장 같은 큰 수술은 물론 당뇨 때문에 장기 입원을 했을 때 레지던트 선생님이나 원무과 선생님에게 마루의 개인기를 선보이고 나면 언제나 병원에서 인기 아이돌이 된다.

마루는 착하고 순하다는 표현보다 정말로 온화한 성품의 강아지다. 직장에서 일을 하고 있으면 조용히 잠을 자며 기다린다. 회의실에서도 내가 밖으로 나가면 오라고 할 때까지 그 자리에서 움직이지 않는다. 덩치가 큰 사람이건 목소리가 큰 사람이건 마루는 언제나 친근하게 인사하며 다가간다. 너무 나대지도, 두려워하지도 않고 사람들과 친구들을 조용히 담담하게 대한다. 마루는 친절하다. 작은 강아지가 있으면 옆으로 비켜준다. 멀리서도 자신을 좋아해준 사람이 있으면 달려가 인사한다.

한번은 네일숍 앞을 지나는데 한여름인데도 가지 않고 길에서 고집을 부린다. 리드줄을 잡아 당겨도 가지 않아 혹시나 해서 "네일숍에 가고 싶니?" 물어보니 그쪽으로 걸어간다. 위에 올라가 직원들에게 얼굴 도장 다 찍고 인사한다. 다들 웃으며 반겨주는데 원장님이 마루를 보지 못하고 있으니 가지 않고 꼬리를 흔든다. "원장님, 마루가 원장님께서 인사 안 해주시니까 안 간대요"라고 직원들이 이구동성 외치자 원장님이 마루에게 다가와 인사를 한다. 그렇게 모두의 인사를 받고

서야 마루는 문밖에 나선다. 한여름 길가에서 네일숍 직원들이 마루 이름을 부르며 달려와 인사해주었던 것이 마루에게는 꽤 소중한 기억인 듯하다. 마루는 이후부터 네일숍 직원들을 참으로 좋아하게 되었고 그냥 지나치는 법이 없다.

마루를 통해 나의 모습을 많이 돌아보게 되었다. 잘못한 일을 외면하거나 비겁하게 도망치지는 않지만 모든 것에 예민하고 날카롭게 대처하는 내 모습을 제대로 뒤돌아보기 시작한 것은 마루를 키우고 나서부터였다. 점차 내가 했던 행동이 때로는 상대방이나 상황을 매우 난처하고 힘들게 만들었을 거라 생각하며 하나둘씩 떠올리게 된 것이다. 잘못된 것을 바로 지적하기 보다 무슨 일인지 제대로 파악하고 상대방을 이해하는 시간을 갖고 기다려도 사실 늦지 않을 때가 많다. 그렇게 시간을 갖다 보니 대체적으로 부드럽게 해결이 되는 때가 많아졌다. 우리 아이가 달라졌다의 '우리 아이'는 마루보다 내게 더 해당되는 말이었다.

많은 사람들에게 사랑받는 마루를 보면 '온화함'의 위대함을 알게 된다. 사람들에게 사랑받기 위해 살아야 할 필요는 없다. 우리 모두 누군가의 잘못이나 실수를 자비롭게 넘겨줄 수 있는 마음이 있으면 나의 잘못이나 실수도 용서받을 때가 생길 것이다.

가장 유명한 성경의 이야기다. 사람들이 간음한 여인을 예수님 앞에 데리고 와서 모세법에는 돌로 쳐 죽여야 한다고 하는데 어떻게 할지 물어본다. 이때 예수님은 몸을 굽혀 손가락으로 땅바닥에 무엇인가를 쓰며 이렇게 답한다. “너희 중에 누구든지 죄 없는 사람이 먼저 저 여자를 돌로 쳐라”라고 하자 사람들은 하나둘씩 사라지기 시작했다. 그리고 간음한 여인에게 말했다.

“나도 네 죄를 묻지 않겠다. 어서 돌아가라. 그리고 이제부터 다시는 죄짓지 마라.”

정말로 마루와 생활하면서 인자하고 고운 마음씨가 얼마나 주변을 풍요롭게 하고 관계를 깊게 만드는지 알게 되었다. 그것은 바롱이와 같이 생활하면서 더욱 느끼게 되었다. 순하디 순한 마루와 달리 성격도 세고 제대로 교육도 받지 않은 어린 상태로 허허벌판에 버려진 바롱이는 처음 입양하고는 막막하기 그지없었다.

바롱이는 똑똑하고 착한 아이다. 그러나 너무 예민하게 구는 모습에 사람들이 고개를 절레절레 흔들 때가 있다. 그런 사람들을 볼 때마다 속상할 뿐이다. 물론 그런 바롱이를 보면서 “괜찮아요. 다 그렇죠”라고 웃으며 지나가는 분도 있다. 그럴 때면 덥석 엎드려 인사하고 싶은 심정이다.

바롱이를 입양하고 나서 처음은 막막하기 그지없었다. 심지어 배변도 제대로 가리지 못해 여기저기 오줌과 똥을 싸댔다. 며칠만 지나고 배변 훈련을 시작하자 마음먹은 내게 바롱이는 굉장한 희망을 선물했다. 마루가 처음 집에 왔을 때부터 최근까지 배변을 하면 “황금알을 낳았네! 마루, 축하해!"라고 폭풍 칭찬을 하는데 그렇게 말을 건네는 것을 몇 번 유심히 지켜보던 바롱이는 정말 거짓말처럼 며칠 후 배편패드 위에 볼일을 보기 시작했다. 처음엔 우연인가 생각했지만 중성화 수술을 하고 나서 비틀거리면서도 방에서부터 배변패드가 있는 베란다까지 가서 볼일을 보는 바롱이를 보며 나는 입양 결심을 하게 되었고 제대로 교육시키자고 마음먹게 되었다. '그래! 무엇이 문제인지 알면 고치면 되는 거야. 곁에 있어 줄게. 바롱아.'

여러 유튜브 채널과 책을 보면서 나는 바롱이에게 맞는 나만의 교육 방식을 찾기로 했다. 첫 번째로 내가 결심한 것은 바롱이에게 신뢰감을 심어주는 것이었다. '너를 버리지 않고, 너는 버림받지 않을 것이고, 마루와 똑같이 사랑받을 거'라는. 일단 너무도 산만하고 정신없을 정도로 불안해하는 바롱이에게 안정적인 생활 패턴을 갖게 했다. 아무리 피곤하고 비가 와도 같은 시간에 산책을 하고, 밥을 먹이고, 놀아주었다.

처음에는 산책을 하는 것이 아니라 썰매견처럼 리드줄을 자신이 잡아당겨 캑캑거리며 앞장섰다. 천천히 산책을 즐기는 마루는 그 때문에 제대로 걸을 수가 없었다. 지나가는 개들에게도 으르렁대니 나는 이리저리 사람들을 피하게 되었다. 처음엔 엄청난 괴력으로 달려가는 바롱이를 리드줄로 긴장감을 주기 시작했다. 점차 조용하게 걷게 된 바롱이가 사람이나 오토바이를 보고서도 짖지 않으면 준비해 간 간식을 선물로 주었다.

그렇게 2년 여를 매일 같은 시간에 산책하다 보니 으르렁대던 경비 소장님들에게 이제 먼저 다가가 인사까지 하게 되었다. 물론 아직까지 커다란 개나 자신을 향해 다가오는 사람이 있으면 두려워하지만 처음에 비하면 훨씬 나아졌다.

딱 두 번 바롱이에게 큰소리를 낸 이후 나는 언제나 바롱이를 기다려줬다. 잘할 때를 기다리다 폭풍 칭찬을 했고, 작은 과자 조각도 간식으로 똑같이 나눠 주었다. 안정적이고 규칙적인 관심과 사랑은 바롱이를 점차 변하게 만들었지만 나는 2년을 기다려야 했다.

결국 '우리 아이가 달라졌어요'는 바롱이만이 아니라 나 자신이었다. 강아지들과 같이 생활하면서 정말로 내겐 많은 변화가 일어났다. 그중에서도 '기다림'에 대해 알게 되었다. 바쁜 와중에 어렵게 신청해 참가한 강형욱 선생의 세미나 강연에서 나는 굉장히 감동적인 말을 들었다.

"잘못했을 때 화내지 마세요. 잘했을 때까지 몰라요."

배변을 하거나 잘못된 일을 저지르면 쉽게 화를 내지만 동물들은 왜 혼나고 있는지 잘 모른 채 안 좋은 관계로 기억에 남게 된다는 것이다.

"잘했을 때를 기다려 폭풍 칭찬을 해주세요. 그리고 혼을 내도 짧게 하세요."

칭찬받은 기억은 오래 남아 나쁜 습관을 고칠 수 있다는 것인데,

그 방법은 마루와 바롱이에게 모두 효과적이었다.

그때 나는 직원들을 생각하지 않을 수 없었다. 한때 업계에서도 한 성질의 소유자로 악명 높았던 나는 직원들에게도 매우 엄격했다. 그러나 당시 나의 방식이 잘못되었다고 생각하지 않았고, 나를 의심하지 않았다. 나의 말과 행동에 문제가 있었다는 사실을 마루를 키우며 깨닫게 되었고, 바롱이를 보며 더욱 반성하게 되었다. 제대로 가르친다는 이유로 마음의 상처를 준 직원들에게 정말로 미안한 마음이 들기 시작했다. 나와의 작업이 얼마나 무섭고 두려웠을지 즐겁게 일하고 싶은 마음마저도 사라졌을 것이다. '나라를 구하는 일을 하는 것도 아닌데 뭘 그리 엄격하게 따져 물었을까' 미안한 마음에 찾을 수 있는 직원들은 찾아서 '미안하다' 연락했을 정도였다.

한번은 마루와 바롱이와 함께 산책을 하는데 바롱이가 오지 않아 리드줄을 잡아당겼다. 몇 번이고 잡아당겨도 오지 않아 뒤돌아 보니 바롱이가 배변을 하기 위해 엉거주춤하게 있는데 내가 리드줄을 잡아당기니 어쩔 수 없이 앉은뱅이 자세로 끌려오고 있었다. 상대방의 상태를 보지 않고 내 갈 길만 부지런히 갔던 나의 모습들을 떠올리며 여럿에게 또 미안한 마음이 들었다.

내가 할 수 있다고 상대방이 모두 할 수 있는 것도, 내가 이해했다고 모두 이해한 것이 아닌데 상대방을 탓하며 화를 낼 때가 부지기수였다. 무조건적인 인내심이 아니라 '내게도 있을 실수나 실패'를 생각하며 인내심을 가지고 같이 해결해야 하는 문제도 나는 '같이'가 아니라 당연히 '혼자'서 처리했다. 그렇게 강제적으로 이끌어낸 결과물은 언제나 성공적으로 보였겠지만 상대방만이 아니라 나의 영혼과 마음에도 금이 가기 시작했다.

펫숍 보이즈

휘핏은 털에서 냄새가 나지 않는 걸로 유명해요. 매우 짧은 단모종으로 그레이하운드보다는 작고 이탈리아 그레이하운드보다는 큰, 중간 사이즈의 경주견인데 180m를 시속 60km로 12초 만에 돌파해버리는 폭발적인 스피드를 가진 가장 아름다운 보디라인의 멋진 친구입니다. 접하기 어려운 특수견인 만큼 매력도 있고 빠지면 헤어나올 수 없어요.

휘핏이 어떤 종인지도 몰랐다. 이름만 보았을 때 도넛의 크림 종류이거나 스니커즈 브랜드라 생각했지 견종일 거라고는 생각도 못했다. 위의 글은 온라인에서 우연하게 본 휘핏 광고 문안이다. 요즘 유행하는 매끄럽고 족제비보다 더 날씬한 이탈리아 그레이하운드의 또 다른 개량 버전인 듯하다.

취향이 똑같을 수는 없겠지만 개인적으로 마루의 꿈꿈한 털 냄새를 좋아한다. 가끔 마음이 힘들 때는 마루의 발바닥과 목덜미에 코를 박고 숨을 들이마실 때도 있다. 1분 이상은 안 된다는 듯 마루가 얼굴을 발로 밀어내 겨우 떨어져 나간다. 값비싼 산소보다 훨씬 나를 진정시키고 위안을 주는데 털 냄새가 나지 않는 걸로 유명하다니.

이해가 안 되는 것은 또 있다. 180m를 시속 60km로 12초 만에 돌파하는 강아지를 도대체 어떻게 집에서 키우겠다는 것인지. 몇백 평 정원이 있는 집도 아니고 매일같이 그 에너지를 무슨 수로 감당하겠다는 것인지 정말로 이해가 가지 않는다. 동네 공원에서 대체적으로 포메라니안, 미니 비숑 등 작은 견종들을 많이 본다. 그런데 커다란 공원에 가면 다양한 견종들이 보호자와 같이 산책을 나온다.

남산공원은 지역적 특성 때문에 그런지 반려동물들의 종류가 크게 두 가지로 나뉜다. 평소 보기 어려운 아프가니스탄 하운드와 같은 특수견과 유기견 중에서도 입양되기 어려운 백구나 황구가 대부분이다. 그런데 더 특이한 점은 대체적으로 많은 외국인들이 우리가 외면한 백구와 황구를 입양해서 산책시키는 경우가 많다. 그것도 어떤 이들은 두세 마리를 허리에 묶어서 산책이 아닌 워킹 자세로 씩씩하게 걷는다. 오늘 새벽에도 남산공원에서 묘하게 믹스된 두 마리의 황구를 산책시키는 외국인을 봤다. '사료 좀 보내고 싶습니다.' 다가가 절하며 감사하고 싶은 심정이 절로 든다.

서울숲이나 서래마을에 가면 유난히 젊은 사람들이 이탈리안 그레이하운드나 사모예드, 보더콜리와 같은 특수견을 데리고 산책하는 모습을 많이 본다. 그럼 나는 꼭 물어본다.

"입양한 지 얼마나 되었어요?"

"세 달 조금 안돼요."

희한한 일이다. 어째 대부분이 몇 달 안된 강아지를 데리고 나오는지. 그럼 나는 다시 묻는다.

"혼자 키우세요?"

가족과 함께 사는 경우도 있지만 대부분 혼자 살거나 친구와 같이 산다고 한다. 그럴 때마다 한숨이 쉬어진다. 어떤 이는 유튜브에서 본 듯 보더콜리에게 맨 리드줄을 허리에 매고 뛴다. SNS가 문제이긴 하다. 특이하고 예쁘다고 강아지 쇼핑하고, 또 얼마 안 지나 너무 힘들다고 다른 집에 주거나 유기하거나. 그래도 다행인 경우는 부모님 집에 데려다준다.

"화를 왜 내세요? 이해는 가지만 젊은 사람이라고 다 그러겠어요? 잘 키우는 사람도 있겠죠."

씩씩거리는 나에게 직원이 한마디 한다. 맞다. 잘 키우려는 사람도 있을 것이다. '라떼는 말이지'를 얘기하자고 하는 것이 아니다. 내게도 젊은 시절이 있었던 사람으로 한마디 하자면 '젊은 시절'은 하고 싶은 것도 많고 할 일도 많은 때이다. 경제적 능력이 제대로 갖춰져 있지 않기 때문에 내 몸 하나 보살피기 어려운 시기이기도 하다. 시간과 경제적, 심적 여유가 있는 젊은 사람은 말 그대로 1%의 확률이지만 또 그렇다고 돈만 있다고 잘 키울 수 있는 것도 아니다. 그러니 예쁘고 특이한 견종을 데리고 산책하는 젊은이들을 보면 자꾸 화를 내게 되는 것이다. 나 혼자 잘 키운다는 '오만과 편견'일 수도 있겠지만!

바롱이는 남산공원에서도 그렇고 오도방정 떨며 산책하다 갑자기 멈춰서 얼음이 될 때가 있다. 어린아이가 있는 젊은 커플을 바라보다 가끔 따라가겠다 고집부린다. 우연인가 싶기도 했지만 몇 번 그런 일이 반복되어 추측은 확신으로 이어졌다. 물론 정확히 확인된 바는 없다. 바롱이는 젊은 부부에게 버려졌던 것 같다. 가족이 사라질 때까지 바라보는 바롱이를 보면 마음이 짠하다. "걱정 마. 이제 내가 있어!"라고 말하면 알아듣는 듯 다시 오도방정 떨며 걷는다.

분명 작고 귀여운 요크셔테리어를 기대하고 '쇼핑'했겠지만 생각보다 크게 성장하면서 믹스견인 것이 싫었을지도 모른다. 무엇보다 예민하고 소심한 바롱이를 인내로 교육하고 사랑을 주기 어려웠을 것이다. 그들에게도 사정이 있었을 테니 지금의 성격을 보면 이해가 안되는 바는 아니나 애시당초 키울 생각을 말았어야 했다. 분명 아이가 원했을 확률이 높다. 아이가 없는 집이라면 신혼에 강아지가 있는 집을 꿈꿨을 수도 있다. 절대로 외롭다고 반려동물을 넘봐서는 안된다. 감당할 경제적 능력만을 이야기하는 것은 아니다. 기본적으로 인내를 바탕으로 한 '사랑'이 함께해야 한다.

마틴 스콜세지가 영화로도 제작한 〈순수의 시대〉의 원작자 이디스 워튼은 원래도 명문가 집안이다. 영어에서 'Keeping up with

Joneses, 존스네 따라하기'라는 관용어에 등장하는 '존스'가 그녀의 친정이라고 하니 정말 대단한 집안인 듯하다. 개인적으로 영화 〈순수의 시대〉를 좋아하는데, 도입부만 봐도 당시 미국 동부는 극도로 화려했고, 그 중심에 존스 집안이 있었던 것이다. 성이 관용어가 될 정도로 엄청난 상류층이었던 이디스 워튼은 어린 시절부터 강아지를 사랑했다. 남편과 이혼 후에는 더 셀 수 없을 정도의 강아지와 생활하며 외로움을 달랬다고 한다. 뉴욕의 최고 재력가답게 강아지들에게 스웨터를 떠주는 사람까지 따로 고용하거나 보석 박힌 목걸이를 매주는 등 그녀의 강아지 사랑은 유명했다. 글까지 잘 쓰는 부유한 여주인은 심지어 시까지 썼는데, 그런 그녀는 길에 다니면서 유기견을 발견하면 견종에 상관없이 집에 데려오거나 지인들에게 입양시키는 데 앞장섰다고 한다.

나의 어머니는 정말로 마루와 바롱이만이 아니라 비가 오는 날 새를 걱정할 정도로 동물을 좋아한다. 사실 어머니는 자신이 젊었을 때 아이를 입양하지 못한 것에 대해 평생 후회하는 사람이다. 지금은 동생들은 물론 심지어 싱글인 나에게까지 입양을 권유한다. 결혼도 안 한 나에게까지 입양을 권유하는 것은 너무한 것 아니냐며 화를 낸 적도 있다. 아이들은 모두 '천사'이고 버려진 아이들은 어른들이 지켜줘야 한다는 것이 어머니의 이론이다. 슈바이처 박사도 감동할 박애주의적인 말을 하면서, 제인 구달이 들으면 놀라 나자빠질 말로 때때로 동물을 인형 대하듯 한다.

사람은 때때로 동물을 생명이 아닌 인형이라 착각한다. "오드 아이 눈이 너무 예뻐서 꼭 사고 싶어.", "시바견이 유행이래. 완전 귀여워!" 특별하다 싶으면 동물을 쇼핑하는 취미를 가진 지인이 있다. 특이하다고 구매한 시베리안 허스키와 시바견이 싫증이 나자 제대로 돌보지 않고 방치한다. 가족이 비난하면 '자신의 취미와 취향을 존중'하라는 말을 한다. 사정이 생겨 가족이 잠시 떨어져 살 때 어쩔 수 없이 두 마리의 강아지는 살던 집 마당에 방치되었다. 강아지를 어떻게 할지 물으면 '에덴의 동산'에 잘 있다며 불쾌해했다. 결국 주변에서 두 강아지를 걱정하는 말들이 많아지자 원래 강아지를 좋아하지도 않던 아내가 나서서 돌보게 되었고, 현재 강아지들은 왕자와 공주로 잘 지낸다. 그나마 이건 몇 퍼센트 안되는 동화 같은 해피엔딩이다.

패션 디자이너 김재현은 베들링턴 암컷을 키우는데 강아지가 다소 예민하긴 하지만 지극히 여성스러워 귀족인 줄 알았다. 처음 주변 사람들 모두 그녀가 강아지를 파양할 거라 예상했지만 그와는 정반대로 10년 넘게 정성스레 키우고 있다.

"처음엔 너무 힘들어 그럴 생각도 했는데 얘는 나 없으면 울 거야. 어디로 보내. 가족이잖아."

맞다. 가족을 놔두고 친구가 더 많고, 넓은 마당이 있다고 더 좋아하겠는가.

개통령 강형욱이 한 토크쇼에 나와 번식장의 실태에 대해 눈물까지 흘리며 말한 적이 있다.

"대형 마트에 있는 펫숍 유리장 속의 강아지들이 자기 배변패드 위에 올라가 있는 경우 보셨어요? 엄마의 품이 아직 그리울 아이들은 태어나자마자 뜬장에 익숙한 채 애견숍으로 보내져서, 불안한 마음에 배변패드 위로 올라가는 거에요. 펫숍이 없어져야 강아지 공장이 사라져요."

무리하게 교배하여 태어난 강아지들은 공장에서 태어나 생후 3주 만에 경매장으로 간다. 그리고 그곳에서 다시 애견숍으로 간다. 판매되면 그중에서 잘 지내는 녀석도 있지만 파양되는 녀석도 생긴다. 말로만 들어도 가슴이 답답하다.

'놀로 행동 클리닉'의 설채현 원장이 말하는 번식장의 이야기는 더 가슴 아프다. 연말에 맞춰 선물용 강아지를 만들어내기 위해 암컷의 생리 주기를 약물을 투여해 바꿔버린다는 것이다. 더군다나 작은 강아지를 선호하는 소비자들로 인해 커지지 않게 먹이를 주지 않는다. 생명이 아닌 상품으로서의 값어치를 위해 한철 장사용으로 만들어지는 강아지들은 그래서 몸이 약하다. 입양 올 때 마루의 짐가방 안에도 어마어마하게 생긴 족보가 들어 있었다. 마루는 외조부모와 친조부모까지 워튼 집안만큼 혈통이 굉장했다. 그런데 그게 무슨 소용이란 말인가. 저렇게 아픈 곳이 많은 아이로 태어났는데.

대체적으로 우리가 아는 푸들이나 비숑 등이 아시아로 넘어오면서 키우기 쉬운 작은 사이즈로 개량되었다. 그렇기 때문에 유전자 조작으로 태어난 생명에게 문제가 일어날 수밖에 없다. 마루는 강제 교배 생산에 의한 희생물이다. 이유도 모른 채 마루 또한 태어나자마자 어미 품에서 떨어져 나왔을 것이다. 그러다 보니 면역력도 없고 배워야 할 교육도 받지 못했다. 판다 아이바오가 푸바오를 훈육하는 장면을 유튜브에서 보길 바란다. 정말 제대로 대치동 엄마처럼 가르치면서 그 사랑이 감동적이기까지 하다.

강제 번식을 한 동물들은 어미에게 살아가는 법을 배우지 못한 채 '펫숍 보이'가 된다. 판다의 훈육 모습에 놀라웠는데 강아지나 고양이라고 다를 것인가. 더군다나 러바오와 아이바오를 보면 마음이 통해야 교배도 하던데, 지능이 높은 강아지를 강제 교배시켜 생후 몇 주도 안된 아이를 끊임없이 뺏는다. 어미와 새끼들은 그렇게 인간의 욕심에 의해 살아도 산 목숨이 아닌 것처럼 뜬장 안에서 비참하게 산다.

그런데 생각해보자. 사실 대형 마트에서 생명을 파는 일이 이상하지 않은가. 식료품을 사기 위해 갈 때마다 유리장 속의 강아지들을 보면 기이한 생각이 든다. 물론 강아지 용품을 사는 편리함은 있지만 굳이 생명까지 유리장 안에 넣어 '판매'해야 하는지. 진정으로 반려동물을 인형이 아닌 생명이라 여긴다면 유리장에 넣어 판매할 일은 아니다.

아이들은 생명을 쇼핑몰에서 쉽게 '사고 파는 것'이라고 어릴 때부터 생각하며 자랄 것이다. 그게 그냥 아주 사소한 일 같지만 요즘처럼 각박해진 세상에는 심각한 문제이다. 유리장 속의 생명을 인형 같은 존재로 세뇌되어 자란 아이들은 스트레스가 쌓이고 화가 나면 학대하게 되는 것이다. 제발 우리나라 동물법이 바뀌어 쉽게 생명을 사고 파는 일이 멈추어지면 좋겠다.

평소 강아지를 좋아한다고 소문난 대기업 오너는 스탠더드 푸들을 선호하여 꽤 여러 마리를 키우는 것으로 알려져 있다. 그 회사 임원까지 공항에 나가 받아온 적이 있는 엄청난 외모의 스탠더드 푸들 중 몇 마리가 선출되어, 운영하는 대형마트의 펫숍에 마스코트로 보내져 매장 직원처럼 상주한다. 아마도 강아지들은 안전하다고 오너는 생각할 것이다. 아니 생각조차 하지 않을지도 모른다. 그 좁은 공간에서 교통사고 당할 일도 없고 제때에 사료도 주니 말이다. 본사 매장에 갈 때마다 걱정되어 잘 지내는지 물으면 직원들은 당당하게 답한다. "그럼요. 3일 전에도 산책을 다녀왔어요"라고. 직원이야 맡은 바 임무를 다하고 열심히 매장 관리하며 최선을 다하는데 그들을 나무랄 수는 없다. 그러나 하루에 두세 번씩 산책을 하는 마루와 바롱이를 생각하면 몇 일에 혹은 일주일에 한 번 산책 간다는 사실에 경악을 금할 수 없다.

며칠 전 미팅이 있어 2년 만에 찾은 일산 쪽 매장에 갔을 때도 마찬가지다. 마루와 바롱이를 피치 못할 사정으로 동행해야 했기에 어쩔 수 없이 펫숍에 잠시 맡겨야 했다. 예전에 보았던 스탠더드 푸들의 안부를 물으니 이번에도 직원은 밝게 웃으며 안에 있다고 했다. 궁금한 마음에 고개를 넣어보니 처음 오픈할 때의 긴 털과 늠름한 자태는 보이지 않게 된 강아지가 나를 우두커니 홀로 서서 보고 있었다. 물론 날이 더워 털을 밀었을 수도 있고 나이가 들어 살이 빠졌을 수도 있겠으나, 그동안 이 안에서만 지냈을 것을 생각하니 답답했다. 펫숍 옆에는 동물병원도 있고, 직원도 있고, 쇼핑몰의 작은 인조 공원도 있지만 그 강아지는 그곳에서 얼마나 산책을 멀리 나갈 수 있었을까.

또 직원들이 퇴근한 매장에서 그들은 얼마나 오랜 시간 외로운 날들을 보내야 했을까. 휴일이 없는 쇼핑몰이라는 사실이 불행 중 다행이기도 하다. 강아지나 고양이에게 있어 인간은 우주 그 자체이다. 그렇다면 펫숍에 있는 스탠더드 푸들은 우주의 블랙홀에 갇혀버린 꼴이 된 것이다.

《엔도 슈사쿠의 동물기》라는 책에서 수컷이 닥치는대로 암컷 아무에게 덤비는 것은 아니라는 글을 읽었다. 《사해에서》나 《침묵》과 같은 묵직한 글을 쓰는 엔도 슈사쿠가 동물을 좋아하여 쓴 에세이라 하니 냉큼 사서 읽었는데 이런 글이 있다. 수컷이 암컷이면 모두 상대를 가리지 않는 것인지 궁금하여 엔도 슈사쿠는 〈밀로와 오티스의 모험〉의 감독 하타 마사노리에게 물었다.

"발정기의 암컷이 발산하는 체취에 수컷이 끌려 다가가는 거 아닌가요?"

"아니요. 확실히 선택합니다. 저마다 취향이 다르거든요."

"그럼 취향의 기준은 무엇인가요?"

"인간은 알 수 없어요. 인간의 눈으로 보면 실로 시시한 얼굴을 한 암캐에게 수캐들이 모여들기도 해요."

동물들도 '닥치는 대로'가 아니라 '연애 감정'이 생겨야 사랑을 나누게 된다는 것이다. 강아지나 고양이, 너구리도 모두 사랑을 나눈다. 그렇게 우아하고 고귀한 동물에게 인간은 무자비한 교배 생산을 시켜 그 어미에게서 자식을 빼앗아 데려오는 것이다. 그러니 뜬장 속의 암컷들은 제정신일 수가 없는 것이다. 그렇게 태어난 아이들을 우리는 다시 펫숍 유리장에서 만나게 된다.

애완견이 아니에욧!

반려동물 천만 시대라는 말도 이제는 옛말이 되었다. 오늘 뉴스를 보니 이미 1500만 명을 넘어섰다고 한다. 반려동물 1500만 시대라니 엄청난 말이다. 그런데 이렇게나 많은 사람들이 모두 반려동물과 어떤 생활을 하고 있을까.

특별히 내가 잘하고 있다는 것은 아니다. 그러나 마루와 바롱이와 생활하며 나는 '키운다'라는 말이 어색해지기 시작했다. 처음엔 마루를 '키운다' 표현했지만 '과연 내가 마루를 정말로 키우고 있는 것인가' 의문이 들기 시작했다. 나는 마루를 '보호'하고 있을 뿐, 마루로 인해 성장하는 것은 오히려 나였다.

130년 전에 태어난 일본 작가 우치다 켄이 쓴 《당신이 나의 고양이를 만났기를》은 입가에 미소를 머금고 읽게 되는 책이다. 그 옛날에 도쿄대를 졸업하여 독일어 교수까지 지내고, 나쓰메 소세키(일본 천엔지폐에도 있는 대문호)에게 사사할 정도의 지성인이면서 정을 준 길고양이가 사라지자 오열까지 하면서 쓴 기록이다. 사실 한 마리는 집에서 키운 지 1년 반 만에 사라지고, 다른 한 마리는 기른 지 5년 만에 병으로 죽었다. 노작가는 고양이들이 세상을 떠날 때 먹다 남긴 가자미까지 못 버리고 절절하게 글을 쓸 정도로 사랑을 주었는데, 읽는 내내 책 안에 가득한 그의 슬픔이 고스란히 느껴질 정도였다. 대문호가 자신의 고양이가 된 길고양이의 생김새가 일반 고양이들과 다르다며 자랑하는 것도 그렇고, 고양이 비위를 맞추겠다고 카스텔라와 스시집 계란말이까지 준비하며 고양이들에게 자신이 길들여 간다는 표현을 쓴 것을 보고 한참을 웃었다.

이렇듯 반려동물은 사람을 변화시키는 힘이 있다. 똑같이 행동하며 충실하게 자신의 마음을 표현하니, 어찌 그 사랑에 감복하지 않을 수 있겠는가.

마루의 온화함과 충실함, 그리고 성실함은 우영우의 대사처럼 봄날의 햇살같이 참 따뜻하다. 그래서 힘들어도 웃게 되었다. '이럴 수도 있지. 뭘 그리 괴로워하는가. 신경 끄시개.' 마루는 내게 그러한 사실들을 온몸으로 가르쳐주는 듯했다. 그러니 내가 마루를 '키운다'기보다 '보호한다'는 표현이 맞지 않을까. 그에게 의식주(마루는 옷이 많다)를 제공할 뿐, 마루가 내게 주는 것들이 훨씬 크기 때문이다.

확실히 반려동물의 수가 많아졌는지 아파트 관리실에서 배변 봉투를 버릴 수 있는 쓰레기통을 곳곳에 마련해주었다. 그런데 통 앞에 붙여진 팻말에 '애완견 배변 봉투 버리는 곳'이라고 써 있는 것이 아닌가. 누군가는 이것을 보고 어디가 이상한지 물어볼 것이다. 그러나 나는 '애완견'이라는 말이 참으로 불편하다. 기껏 생각해줘 준비해주었더니 별걸 가지고 트집이라 할지 모르지만 '애완견'의 '완玩'은 '희롱할 완'이다. 네이버 한자사전에도 '사랑하여 가까이 두고 다루거나 보며 즐기는 것'이라고 그 뜻이 나와 있다. 그리고 밑에 이런 추가 설명이 있다.

> 요새 애완동물이라는 말보단 반려동물이 그 의미를 대신하고 있다. 생명체임에도 인간에게 즐거움을 주는 도구라는 의미가 강해서 한자로 짝 반(伴)과 짝 려(侶)를 사용하여 친구의 의미를 지닌 반려(伴侶)를 많이 사용한다.

민영 시설에서 운영하는 나이 든 관리 소장님들이 일일이 단어까지 챙길 수 없었을 것이다. 어쩔 수 없이 이해가 된다. 그러나 관공서나 시에서 운영하는 장소는 시대에 맞게 단어를 선택했어야 하지 않았을까 싶다. 남산공원을 가면 다양한 팻말이 여기저기 눈에 띈다. 올라가는 길 방향부터 새들의 종류, 낙엽의 종류, 야외 식물원 자연 학습장, 둘레길 등 다양한 표시로 사람들을 안내한다. 그런데 한 팻말이 눈에 띈다. '애완견 출입 금지' 아이들이 가꾸는 텃밭에 반려동물과 사람 모두 들어갈 수 없다는 것을 말하기 위해 쓴 팻말에 여보란 듯이 '애완견'이라는 단어가 들어 있다. 그것은 지방의 유적지나 박물

관도 마찬가지다. 1500만 명이 넘는 반려동물 시대에 아직도 구시대적인 단어라니.

설채현 원장의 말에 따르면 미국에서는 요즘 'Pet'이라는 단어보다 'Companion Animal'이라는 단어를 지향하고 있단다. 말 그대로 '반려동물'이다. 인형은 일방적으로 사람이 좋아하여 곁에 둘 뿐 서로 사랑을 교환하는 사이는 아니다. 동물은 인간에게 사랑을 주고 소통하길 좋아한다. 내가 오랫동안 책상 앞에 있으면 마루는 가끔씩 잠을 자다가도 내 곁에 와서 돌고래 소리를 낸다. 굳이 과격하게 놀 필요도 없다. "마루야, 심심해? 너무 말도 안 하고 있었지. 미안해. 그래서 마루는 뭐 하고 싶은데?"라고 얘기하며 머리를 쓰다듬어주면 알아듣는 듯이 기분 좋게 눈을 감고 얘기를 듣다 자기 자리로 돌아가 잠을 청한다.

'작은 형제회' 아시시의 프란치스코 성인은 평생 청빈한 삶을 목표로 살았다. 그런데 프란치스코 성인의 이콘이나 그림을 보면 언제나 동물들이 곁에 있다. 그는 신의 피조물인 동물과 자연을 진심으로 사랑하며 심지어 새들과 토끼와 대화를 나누었다고 한다. 지금 세상에는 동물 예능 프로그램에도 나왔던 하이디 같은 애니멀 커뮤니케이터가 있는데 아마도 프란치스코 성인이 그러했던 모양이다. 어찌 되었건 그는 모든 종의 피조물에게 '형제'와 '자매'라는 호칭을 사용했다고 한다. 성경 창세기 1장을 보면 피조물과 인간은 차례대로 만들어졌다.

또한 노아의 방주에 탄 모든 동물과 인간은 공동 구성원으로 서로 돕는 관계를 유지했다. 그러니 인간이 사랑하여 희롱하는 대상인 '애견'이나 '애완견'보다는 서로 함께 같이 사는 '반려동물'이라는 단어를 사용하는 것이 어떨까. 꼭 반려동물과 함께 살지 않더라도.

나는 마루에게 엄마라는 말을 하지 않는다. 많은 유튜브 영상을 볼 때 반려동물에게 "엄마가 밥 줄까?"라고 하는데 나는 좀 오글거린다. 하긴 마루와 바롱이가 정말로 예뻐 엉덩이를 두드리며 '내 새끼들'이라는 표현을 하는데 뭐 그렇게 유난을 떠는가 싶긴 하지만 나는 마루와 서로를 이해하고 같이 살아가는 친구 같은 존재로 생각한다.

병원이나 유치원, 호텔 등에서 곧잘 '어머니'라는 말을 한다. 딱히 부를 호칭이 애매해 그런 것도 있겠지만 아이들과 똑같은 시스템으로 운영되므로 그들은 서슴없이 '어머니'라는 단어를 사용한다. 사실 개인적으로 '어머니'보다는 '보호자'로 불리우고 싶다. 이 세상에 온 그들은 내게 있어 작은 털복숭이 철학자들 같고, 나는 혼자서 생활하기 어려운 그들을 보호할 뿐인 것이다. '견주'라는 호칭도 마찬가지이다. 동물은 소유물이 아닌 서로 상생하는 관계라는 것을 마루와 바롱이와 함께 생활을 하다 보니 더욱 그러하다. 개들은 엄청나게 많은 생각을 한다고 한다. 매 순간 놀라 자빠질 만한 재능과 뛰어난 교감 능력을 어떻게 말로 설명하고 표현할 수 있겠는가.

'훈련'을 한다는 말 또한 구시대적이고 강압적이고 억지스럽다. 예전에 내가 잠시 큰 강아지를 임보해야 하는 일이 있어 훈련소에 보낼까 했다가 김태은 작가에게 혼이 난 적이 있다.

"그곳은 절대로 보내면 안돼. 강아지들이 자신의 말을 들어줄 때까지 계속해서 굶기고 복종하게 만들어. 훈련소에 다녀온 애들이 집에서 다시 악마성을 띄는 이유가 스트레스를 폭발하기 때문이야."

강형욱 개통령이나 설채현 원장이 최근들어 각광받는 이유는 아마도 일방적인 훈련보다는 강아지의 마음을 추측하고 행동 상태를 체크하며 교정하는 모습에 공감해서 아닌가. 특히 강형욱 개통령은 복잡 미묘한 동물의 심리를 끝까지 생각해내고 기다리고 서로 으르렁대기도 하며 교정해나가는 과정을 보여주며 인기를 끌고 있다. 그의 그런 과장된 행동 때문에 우리가 감동하는 것은 아니다. 때로는 우리 인간에게도 적용되는 여러 감정들을 건드려주기 때문에 공감하게 되는 것이다.

인간은 반려동물이 다른 문제 행동을 일으키지 않도록 '교육'하는 것이지 일방적인 훈련으로 무조건적으로 따르게 하는 것이 아니다. 그렇기 때문에 '훈련'이라는 단어보다는 '행동 교정'을, '견주'보다는 '보호자'라는 단어를 지향해야 한다.

생각의 차이인 것 같다. 단어 하나를 사용하더라도 상대방에 대한 존중이나 사랑이 담겨져 좋은 단어를 선택하게 된다. 프란치스코 성인을 봐도 동물들을 위해 기도하는 일은 이상한 일이 아니다. 더군다나 멕시코에서 온 신부님의 강론을 통해 그곳에서는 모든 가축과 동물들에게 축성해주는 날이 따로 있다는 사실을 알게 되었다.

얼마 전, 명동성당에서는 '가정 기도문'을 준비하여 신자들에게 나눠 주었다. 그 기도문 안에는 부모를 위한 기도부터 돌아가신 조상, 임종을 앞둔 부모, 세상을 떠난 부모, 결혼 기념일, 삶에 지쳐 짜증이 늘어가는 부부, 자녀, 태아, 아기, 등교하는 아이, 잠자리에 든 아이, 아픈 아이, 친구 때문에 속상한 아이, 시험에 떨어진 아이, 여행을 떠나는 아이, 군에 입대하는 아이, 친구, 이웃, 친척, 지구까지 정말 다양한 이들을 위한 기도가 실려 있었다.

그 책 한 권 있으면 정말 내가 사랑하는 많은 이들을 위해 기도할 수 있겠다 싶을 정도로 잘 지어진 '기도서'였지만 참 아쉬웠다. 그렇게 온갖 이를 위한 기도문이 다 있고 심지어 지구까지 신경 쓰는데 정작 우리 곁에서 충실한 사랑이 무엇인지 온몸으로 보여주는 반려동물을 위한 기도문이 하나도 없다니. '우리들에게 충실한 사랑을 주는 나의 반려동물을 위한 기도문' 정도는 들어갔어야 하지 않았을까. 마음 같아서는 '무분별한 인간의 욕심에 희생되는 동물', '인간을 위해 죽어가는 동물', '인간의 욕심으로 아프게 태어난 동물', '장애를 이겨낸 동물', '보호자에게 버려진 동물', '동물 실험실의 동물', '학대받는 동물', '새로운 생명을 임신한 동물', '아픈 동물', '세상을 떠난 동물', '죽음을 앞둔 동물' 등 가족과 사회 구성원에 속한 동물들을 위한 기도

문을 넣고 싶었다.

'언어'는 결국 생각의 차이에서 나온다고 본다. 내가 생각하고 있는 사실들이 은연 중에 단어를 선택하고 문장이 된다. 프로이트가 동물을 좋아했는지 모르지만 나의 말에 어느 정도는 공감해주리라 믿는다. 그렇기 때문에 우리는 이제 생각을 가지고 반려동물을 존중하는 단어를 사용하면 좋겠다. 살기 힘든 세상에 그것까지 신경 써야 한다고 불평할 수도 있지만 우리가 지구를 지키며 '잘살기' 위해서 노력해야만 한다. 그렇지 않으면 우리가 지구와 동물을 우리의 소유물로 생각하고 함부로 다루기 때문이다. 모든 행동은 언제나 말에서부터 시작되는 것이고, 말은 잠재 의식에서 비롯된다.

지옥은 비어 있다

추리소설《낯선 자의 일기》에서 범인은 시체 옆에《템페스트》의 인용구를 남겨놓았다.

> 지옥은 비었다
> 그리고 모든 악마는 여기에 있다

오래 전에 쓰인 셰익스피어의 글이 우리가 살고 있는 지금 세상에 너무나 딱 들어맞는다. 매일같이 일어나는 엽기적이고 끔찍한 기사를 보니 정말로 지옥의 모든 악마가 세상에 와서 죄다 범행을 저지르고 있는 것 같다.

정인이 사건만 해도 그렇고 우크라이나 침공만 해도 그렇다. 21세기에 히틀러 같은 존재가 다시 생겨날 줄도 몰랐다. 아무것도 모르고 희생당한 나약하고 순수한 존재들의 죽음이 너무도 가엾고 안타깝다. 인간에게 저지르는 짓도 이런데 동물에게는 오죽할까. 인간이나 동물이나 모두 다 소중하고 귀한 생명이다. 우크라이나 동물원에서 탈출한 오랑우탄이 텅빈 도심 한가운데서 어쩔 줄을 모르는데 동물원 직원이 다가가자 달려가 안기는 장면을 뉴스에서 보았다. 전쟁이 일어나면 수많은 사람들과 아이들이 죽음으로 내몰리는데, 그건 동물들도 마찬가지로 얼마나 무의미하게 희생되어야 끝이 날지 모르겠다. 소중한 가족의 일원인 동물들을 두고 피난을 가거나 같이 죽음을 맞이해야 할 수도 있을 것이다. 생각지도 못한 일이 지금 지구 어딘가에서 일어나는 일이기에 몸서리가 쳐진다.

얼마 전 제주도에서 일어난 '주홍이 사건'은 차마 기사를 제대로 볼 수도 없을 정도로 처참하다. 주둥이와 사지가 노끈으로 묶인 채 유채꽃 밭에 버려진 주홍이. 《모든 빗방울의 이름을 알았다》라는 책 제목만 보아도 '이름'이라는 것이 각자에게 붙여지는 순간 세상에 특별한 존재가 된다. 그런데 자신들이 지어준 '주홍이'라는 귀여운 이름을 가진 생명을 버리는 것도 모자라 잔혹한 상태로 유기했다. 무슨 생각인지 도대체 알 수가 없다.

뒤이어 제주도에서 발견된 푸들 사건은 더 끔찍하다. 주둥이만 밖으로 빼내고 생매장한 사건이다. 숨이라도 쉴 수 있게 아량을 베풀었다 생각하는지. 동물은 공포와 슬픔 등 웬만한 감정은 모두 느낀다. 땅속에서 매장당한 채 강아지는 극도의 두려움으로 견뎌야 했을 것이다.

화살에 몸통이 통과된 채 발견된 제주도 유기견은 어떠한가. 이건 '도깨비' 드라마가 아니다. 실제로 강아지 몸에 화살을 쏘아 관통한 채 방치한 것이다. 수많은 동물들이 인간의 악한 행동으로 희생되고 고통받고 있다. 그중 마음이 너무나도 아픈 기사를 보게 되었다. '복순이' 이야기다. 보기에도 사랑스럽게 생긴 복순이는 온 힘을 다해 뇌졸중으로 쓰러진 주인을 구해 마스코트가 되었다. 그러나 누군가에 의해 학대당해 코와 가슴이 잘려 죽고 말았다.

더 기가 막힌 일은 자신을 구해준 강아지를 보신탕집에 넘겼다는 사실이다. 동물 보호단체가 보신탕집까지 가서 넘겨진 시신을 찾아 화장을 하며 이 잔혹한 이야기는 끝이 난다. 북유럽 동화 속 '푸른 수염'도 아닌데 잔인하고 끔찍한 짓을 왜 그렇게 저지르는지 모르겠다. 제대로 읽을 수도 없는 기사가 난무하는 이 세상은 정말로 악인으로 가득찬 것일까.

언젠가부터 지방에서 운전하는 것이 마냥 좋지만은 않게 되었다. 너무도 많은 곳에서 정처 없이 헤매는 강아지들을 발견하기 때문이다. 강원도에 갔다 산길을 운전하는데 버려진 강아지를 발견하고 차에서 내려 다가갔다. 죽으라는 것인지 그 깊은 숲속 외딴 곳에 살아보라는 것인지 철창 케이지와 작은 물통, 이미 텅 비어버린 사료가 놓여 있었다.

강아지는 나를 보고 꼬리를 흔들면서도 무섭다고 도망갔다. 일단 강아지들은 마루를 보면 호기심에 다가오지만 내가 다가서면 도망치고 말았다. 마루의 사료로 30분 정도 실갱이를 벌이다 포기하고 밥그릇에 사료를 두고 떠나야만 했다. 강아지는 6~7개월 정도 되어 보이는 말 그대로 강아지였다. 그곳은 대낮임에도 불구하고 숲속이라 밝지가 않았다. 다가가면 도망가버리는 강아지를 뒤로 하고 오면서 마음이 내내 무거웠다.

TV에서 앵커, 정치가와 함께 설채현 동물 행동 전문가가 점차 늘어나는 들개에 대한 논쟁을 펼치고 있었다. 패널들은 너 나 할 것 없이 큰소리로 '보는 즉시 사살하는 법을 만들어야 한다'부터 '포획해서 안락사를 시키자'는 말을 쏟아냈다.

"여러 의견에 무조건 반대할 수는 없지만 방법을 논하기에 앞서 무작위로 분양받아 늘어나는 개체수를 먼저 조절할 동물법을 먼저 만들어야 할 것 같습니다."

조심스럽게 말하는 설채현 전문가에게 아무도 의견을 말하지 않는다. 결국 모든 들개는 누군가의 가족이었다. 예쁘다고 쇼핑하듯 펫숍에서 구매하고 시끄럽다거나 마음에 들지 않는다고 버려버린 것이다.

반려동물들에 대해 꽤나 아는 척하는 어느 여배우에게 항상 같이 다니던 두 마리 강아지 중 한 마리가 보이지 않아 어디 있는지 물었다.

"이 아이와 같은 종으로 키우고 싶어서 좋은 집에 보냈어요."

흔히 하는 말들 가운데 내가 정말로 이해할 수 없는 것이 '좋은 집에 보냈어요'이다. 얼마나 좋으면 자기 집보다 더 좋다고 말하는 것일까. 내 자식을, 부모를, 형제를 다른 집에 보내고 좋은 집에 보냈다고 말할 수 있을까.

독일 등 해외에서는 분양을 받기 위해서 시험을 보거나 확실하게 키울 수 있는 능력이 있는지, 경제적 능력은 가능한지에 대해 먼저 체크하고 입양을 허가하는 동물법이 있다. 계속해서 늘어나는 들개들이 배고픔에 마을에 내려와 닭이나 염소를 공격하는 일이 벌어지며 점차 사회문제로 대두되고 있다.

멀리 찾을 필요도 없다. 우리 바롱이가 누구인가. 갈대가 무성한 허허벌판에 버려진 강아지였다. 지금은 많이 편안해졌지만 처음 1년간은 바롱이도 나도 같이 고생했다. 심지어 한밤중에 화장실에 가거나 물이 마시고 싶어도 참을 수밖에 없었다. 작은 움직임에도 예민하게 바로 깨서 나를 따라 움직였기 때문이다.

내가 바롱이를 키우기로 결심한 것은 주변의 응원도 있었지만 사실 묵혀둔 죄책감 때문이기도 하다. 강원도 산속에 자기가 쓰던 케이지와 함께 덩그러니 홀로 버려진 작은 강아지, 완도의 밭 한가운데 묶여 있던 1미터 목줄 강아지, 제주에서 들개가 되어 쓰레기통을 뒤지던 백구들, 식용 농장에서 뜬장에 웅크리고 있던 강아지들, 법성포의 흰둥이 모두에게 죄스러운 마음이 쌓여 있었기 때문이다.

일본의 전통이라는 '돌고래 학살'은 내가 인간이라는 것이 부끄럽고 고통스럽고 죄스러울 뿐이다. 2009년에 제작된 〈더 코브: 슬픈 돌고래의 진실〉은 일본 타이지에서 벌어지는 돌고래 살육을 다루는 영화이다. 지역 주민들과 몸싸움까지 하며 몰래 수중 촬영까지 강행한 이 다큐멘터리 영화는 너무 잔인하여 도저히 눈을 뜨고 볼 수 없을 정도이다. 죽어가는 돌고래들의 피가 처절하게 바닷물을 붉게 물들일 때 그저 눈물이 흘러내린다.

모든 동물들이 그러하지만 특히 돌고래는 특별하다. 위험에 처한 동물이나 인간을 도와줄 정도로 높은 지능의 돌고래들이 학살되기 직전 서로를 위로해주는 장면을 잊을 수 없다. 얼마 전 인기리에 방영된 〈이상한 변호사 우영우〉에서도 말한다. 아기 돌고래를 지키기 위해 엄마 돌고래가 도망치지 않는 것을 아는 인간은 아기 돌고래에게 먼저 작살을 던진다고. 기가 막히게 교활하고 끔찍하다.

나는 동물 연구가도 아니고 그 어떠한 운동가도 아니다. 심지어 유기견 봉사도 가본 적도 없다. 그저 다시 한 번 말하건대 마루와 바롱이를 입양하면서 동물에게도 성격, 취향, 생각과 의지가 있다는 사실을 알게 되었을 뿐이다. 즐겨 먹던 곱창이나 닭발, 오리와 푸아그라, 이베리코 돼지 등도 멀리하게 되었다. 클라이언트가 초대한 저녁식사 자리에서 말고기와 고래고기가 나왔다. 얼마나 신선한지 드셔보라고, 고래고기가 정말 맛있다는 권유에도 나는 먹을 수가 없었다. 클라이언트가 엄청나게 눈치를 주었지만 정말로 먹을 수가 없었다.

내가 이런다고 육류에 대한 공급과 수요가 감소되는 것은 아닐 것이다. 단지 우리가 육식을 취하는 것에 있어 조금 더 진지하고 성숙한 생각과 태도를 가져야 한다고 느낄 뿐이다. 〈TV 동물농장〉에서 본 눈물을 흘리며 할아버지를 사랑하는 소 이야기에 일일이 신경 쓰며 살 수는 없지만 생명이라는 사실은 잊지 말자는 것이다.

육식을 비판하는 것이 아니다. 요즘처럼 육식을 섭취하는 것에 대해 비판적인 시대가 있나 싶다. 채식에 대한 관심이 높아지면서 운영하는 레스토랑에서도 채식주의자들을 위한 비건 메뉴에 대해 고민하고 있다. 나의 사촌언니와 막냇동생도 채식주의자이다.

《소고기를 위한 변론》을 읽으면 참으로 재미있는 사실을 알게 된다. 작가는 오랫동안 채식주의자로 육식을 멀리하고 소가 배출해내는 메탄가스가 지구를 멸망하게 한다고 주장해왔다. 그러나 어느 날 작가는 환경 보호단체 변호사로서 축산 농가를 방문한 후 생각을 바꾸게 된다. 그리고 육식을 완전히 끊는 것이 생명의 터전을 무너뜨릴 거라고 주장하며 사람들에게 경고하기 시작했다. 소에 의해 자연스럽게 농작물을 재배할 때는 배설물이 땅을 비옥하게 만든다. 그리고 발굽이 토양 표면을 밟으며 씨앗을 깊숙이 넣는 등 모든 것을 이롭게 만들며, 소가 농사 짓는 과정을 통해 땅의 수분 보유량을 높여 지구의 사막화를 줄일 수 있다는 사실을 깨닫게 된 것이다. 결국 저자는 '모든 것이 자연스럽게 이루어져야 지구가 순환된다'는 말을 하며 자신의 채식주의를 멈추게 된다. 참으로 흥미롭다.

궁금한 것이 생기면 참지 못하는 성격에 세상에서 제일 시설이 잘 되어 있다는 샌디에이고 동물원을 가보았다. LA 출장길에 정말 동물원만 보기 위해 기차 타고 간 샌디에이고 동물원은 동물이 태어난 환경과 최대한 비슷한 조건으로 만들어 동물들의 스트레스를 줄여주었다고 한다. 오석헌 원장님의 말대로라면 동물원 동물들에게 보수를 지급해야 한다는데, 그나마 샌디에이고 동물원의 동물들은 보수가 좋은 편인가. 그래도 코끼리 한 마리는 계속 똑같은 자리를 배회하는 행동을 했던 기억이 있다.

가끔씩 기사에 올라오는 유기견 이야기를 외면할 수도 없고 모른 척할 수도 없다. 자기를 버린 주인을 기다리거나 도망치듯 달아나는 자동차를 죽어라 쫓아가는 강아지들 유튜브 영상을 종종 보게 된다. 〈세상에 나쁜 개는 없다〉라는 TV 프로그램을 보면 악마 같은 사람들에게 학대받은 강아지들도 있지만, 그렇게 상처받은 동물들에게 사랑을 되찾아 주려고 하는 사람들이 많다는 것에 새삼 놀라기도 한다. 멀리 찾을 것도 없다. 회사 파트너인 김혜진 대표는 길고양이를 수술시키고 치료하는 데 700만 원을 들였다. 굳이 금액을 밝히는 이유는 그 고양이가 다시 열린 문틈 사이로 도망을 쳤기 때문이다.

우리 아파트에는 유모차에 말티즈를 싣고, 슈나우저를 유모차에 묶어 산책하는 분이 있다. 슈나우저가 어찌나 짖어대는지 근처에 가지도 못하는데 마루와 바롱이 곁에 데리고 와 놀게 하고 싶었는지 다가오셨다. 부잣집 개들이라 너무 오냐오냐 키워서 저렇게 짖어대나 싶어 연세가 지긋한 아주머니에게 물었다.

"애들은 나이가 많은가요?"

"글쎄요. 유모차에 탄 애는 18살 추정이고, 이 슈나우저는 14살 정도에요. 내가 본 지 7년 되었고, 데려온 지 4년 되었으니."

사연도 참 놀랍다. 하얀색 말티즈도 유기견으로 입양했지만 슈나우저는 동네 역 근처 편의점 앞에 7년을 밖에서 집도 없이 묶여 있었다고 한다. 동네 사람들이 민원도 넣지만 주인은 '내 개인데 무슨 상관이냐'며, 오히려 역정을 냈다고 한다.

비가 오나 눈이 오나 편의점 밖에서 살던 슈나우저를 동네 사람들이 돌아가며 물도 주고 밥도 주었다고 한다. 그러던 어느 날 편의점 자리에 스타벅스가 들어서며 극적인 타협 끝에 아주머니가 입양할 수 있었다고 한다. 지금도 슈나우저는 동네에서 전설처럼 전해지는 해피 엔딩의 주인공으로 사랑받는 개가 되어 매일 아침 산책을 나서게 된 것이다. 결국 어디나 지옥만 있는 것은 아니다. 지옥과 천국은 언제나 공존하기에 우리는 이렇게 살아가는 것이다.

마루로 인해 마주한 또 다른 세상

마루를 입양하고 지금까지 보아온 세상이 전부가 아니라는 것을 알게 되었다.

스포트라이트와 백화점, 와인바와 화려한 상점들이 있는 청담동, 맨해튼, 런던, 파리, 밀라노에서 작은 공원, 동네 골목과 아파트 주변, 한강 주변과 서울숲, 논두렁과 과수원, 공원 등 마루를 위한다는 명목으로 산책을 하며 오히려 내가 다른 세상을, 근사하고 아름다운 세상을 발견하게 되었다.

마루가 이끄는 대로 새로운 새벽길을 탐색하게 되었고, 언제나 똑같은 길을 가고 싶어하는 바롱이로 인해 다니던 길을 매일같이 살펴볼 수 있는 기회도 생겼다.

그날도 마찬가지로 마루의 네비게이션을 따라 길을 걷는데 길가 화단에 코끼리, 고양이 모양의 물뿌리개가 알록달록 놓여 있는 것이 아닌가. 어제 오후에 물을 주다 두고 간 것인지는 모르겠지만 옹기종기 저희들끼리 모여 앉아 있는 모습이 어찌나 귀엽던지. 그 색깔 배합 또한 어찌나 귀여운지 이리저리 사진을 찍다 마루까지 앞에 두고 기념 촬영을 한다.

그건 지방에 가도 마찬가지이다. 새벽에 길을 나서 여기저기 골목길을 걷다 보면 어여쁜 꽃밭이나 골목이 있다. 절대로 혼자서 걷지도 않을 길가에서 보지 못할 사랑스러운 골목길이나 화단의 꽃들이 나를 잠시나마 타임슬립하여 다른 공간과 시간대로 옮겨놓은 것 같다. 마루가 아니었다면 결코 경험하지 못할 일이다.

그렇게 마루의 시선으로 낮게 보며 감사하는 마음을 얻게 된 나에게 새로운 습관이 생겼다. 일명 '지렁이 구출작전'이다. 지렁이는 땅을 알칼리 성분으로 만드는 대지의 일꾼들이지만 아파트가 들어서고, 땅들이 시멘트로 바뀌면서 자신들의 갈 곳을 잃게 된 생명체이다.

어느 날부터인가. 시멘트 바닥에서 몸부림치는 지렁이를 발견하면 나뭇가지로 주어 근처에 있는 땅에 데려다 주었다. 처음에는 너무나도 징그럽고 무서웠지만 점차 하다 보니 가엾고 미안한 마음밖에 들지 않았다. 신께 감사하는 마음으로 아주 작고 소중한 존재도 놓치지 않겠다고 시작한 일인데, 몇 년 동안 하다 보니 꽤 많은 지렁이를 구한 듯하다.

그렇다고 구한 지렁이가 모두 잘 살고 있을지는 의문이다. 왜냐하면 아파트 단지나 길거리의 흙은 너무 메마르고 버려진 플라스틱이나

뭐해?
나도 같이 살자!

비닐로 오염되어 땅의 구실조차 못하기 때문이다. 그래도 흙으로 돌아가면 조금이라도 나아질까 싶어 매번 산책할 때마다 나뭇가지를 들고 다니는데, 너무 많은 지렁이들의 시신이 널려 있다. 지렁이가 땅속에 파고 들어야 생명을 가진 대지가 되는데, 그러질 못하고 인간의 편리함에 의한 공간이 되었다.

요즘은 지렁이의 죽은 모습이 너무도 가여워 적어도 땅 위에서 편히 쉬라고 죽어 말라 비틀어진 지렁이라고 해도 나뭇가지로 주워 나무 밑이나 풀밭에 올려둔다. 그럴 때마다 뭔가 알겠다는 듯이 마루와 바롱이는 나를 기다려준다.

개미는 또 어떠한가. 나는 그렇게 길바닥에 많은 개미가 존재한다고 생각한 적도 없다. 보여도 보이지 않았다. 회사 제안서를 쓰기 위해 개미에 대해 자료를 찾다 보니 놀랍기 그지없다. 왜 베르나르 베르베르가 《개미》라는 책을 썼는지 이해가 될 정도로, 우리가 살고 있는 이 세상에 수많은 개미들이 존재하고 있다.

아침에 인간이 출근할 때 같이 움직이기 시작하는 것이 개미라고 한다. 서로 조직적으로 해야 할 일을 하며 살아가는 그들 세상에 나는 바보같이 덩치만 큰 걸리버이다. 마루와 바롱이 덕분에 지금까지 보지 못했던 세상을 볼 수 있게 되었다.

아주 조금만 다르게 보고, 아주 조금만 작게 보고, 아주 조금만 낮게 보고, 아주 조금만 늦게 걷다 보면 많은 것들이 존재하는 세상을 만나게 된다. 그렇게 세상의 또 다른 모습을 보고 작은 것에 관심을 가지라고 신은 마루와 바롱이를 보내주신 것이다.

5

우리는
무엇으로 사는가

산책의 즐거움을 아는 강아지들의 표정이
어떤지 알게 되면 비가 와도 꾸역꾸역
산책을 나설 수밖에 없다
사랑은 상대방에 맞추며 그렇게 서로에게
필요한 존재가 되어야 한다.

부동산 부자 마루 씨

마루는 집이 많다. 나도 없는 집을 마루는 몇 채씩 가지고 있다. 처음 여기저기 입양 준비를 위해 정보를 찾다 보니, 자신이 편하게 쉴 곳을 몇 군데 만들어주는 것이 필요하다고 한다. 자기가 편한 장소들이 생기면 집 안에서까지 보호자를 따라다니며 분리불안 증세를 보이지 않게 된다는 것이다. 사실 처음 집에 왔을 당시 그의 성격을 제대로 파악을 할 수 없어 분리불안이 있는지는 잘 몰랐다. 단지 낯선 곳에 와 불안하고 긴장하고 있을 것이 안쓰러워, 원래 보호자 집에서 받아온 우주선 모양의 집을 내 방 앞에 두었다. 내가 문을 열어두면 서로 얼굴이 보이게끔 했는데, 어느 날부터는 내 침대 위에 와서 자기도 그렇게 했다.

사무실에도 같이 출근했다. 처음에는 어떻게 할지 몰라 사무실 출근해서도 마루는 눕고 싶은 자리에 누워 잤다. 먼지 많은 바닥을 청소하며 뒹구는 모습이 안쓰러웠다. 지금 생각하면 온라인으로도 쉽게 구할 수 있는 집을 당시에는 어디서 구매하는지도 몰라 어찌할 바를 몰랐다. 이태원에 지인이 꽃집을 연다는 말을 듣고 간 곳에 정말 거짓말처럼 마루가 가지고 온 우주선 모양의 강아지집이 버려져 있었다. 허락을 받고 사무실에 가져와 깨끗히 씻어 방석을 깔아주니 바로 들어가 퇴근할 때까지 나오지도 않는다. 역시 집이 편한가 보다 생각했다.

강아지들은 집에서 자기에게 맞는 명당 자리를 몇 군데 찾아낸다. 그리고 그곳에 방석이나 집을 놔주면 '이곳이 천국이요!'라는 듯이 다양한 자세로 잠을 잔다. 마루의 경우는 항상 내 곁에 머무는 듯해도 집에서는 실제로 자기가 편한 곳을 선호한다. 가끔 나의 안부가 궁금하거나 잠깐의 외로움이 밀어닥치면 내 곁에 엉덩이를 바짝 붙여 눕는데, 그것도 몇 분 이상 가지 않는다. 죽 끓듯 한 변덕만큼 체온도 높은 마루는 언제나 서늘한 장소를 좋아해서 침실, 거실, 서재, 현관 입구 등 통풍이 잘되는 곳을 선호하여 그 장소에 집이나 방석을 놔준다.

카시트 겸 침대가 되는 이동형 방석은 여행 다닐 때 좋다. 송도 펫페어에서 구매한 제품으로 일단 대부분의 강아지 제품이 그러하듯이 알록달록 귀여운 색이 아닌 블랙이라는 점과 물걸레로 닦아도 좋은 방수 소재라는 점, 양쪽에서 지퍼를 내리면 길게 뻗을 수 있어 냉큼 구매했다. 백화점 컨설턴트로 일했을 때 알게 된 업체의 강아지 방석은 일단 생김새부터 귀엽다. 뉴트럴톤 베이지 컬러의 면 소재에 푹신한 항균 솜까지, 품질도 좋았지만 무엇보다 눈과 귀 모양이 있는 강아지 얼굴이 정말로 귀여워 참을 수가 없었다. 결국 나는 큰 사이즈와 작은 사이즈를 구매하고 말았는데 결국 바롱이를 입양하게 될 것을 미리 예견한 듯하다.

희한한 것은 잠자는 스타일도 강아지마다 다르다는 것을 바롱이를 입양하고 알게 되었다. 바롱이가 처음 집에 왔을 때는 워낙 긴장하고 예민한 상태라 그의 성격을 파악조차 하기도 힘들었다. 지금도 미스터리인데, 어두컴컴한 침실에서 혼자 침대 위에 있었다. 손님이 오거나 내가 거실에서 TV를 보고 있어도 언제나 침대 위에서 내려오질 않았다.

그러다 마루의 집과 비슷한 우주선 모양의 집을 사주고 거실 나란히 놓았더니, 들어가라는 바롱이는 들어가지 않고 마루가 들어간다. 바롱이 사이즈에 맞게 구입한 집이라 마루가 들어가니 만두속처럼 꽉 차 보기에도 웃겼다.

"네가 거기 왜 있어. 큰 집 놔두고 역시 새 집이 좋니?"

마루는 며칠을 작은 집이 마음에 들었는지 꽉 차게 맞는 그 집에서 잠을 자다 역시 자기 집이 편하다는 듯이 본래의 자리로 돌아왔다. 그러자 바로 기다렸다는 듯이 바롱이가 작은 우주선에 들어가기 시작했다. 나와의 신뢰가 쌓여 그런 것인지는 모르지만 바롱이는 내가 침실에 있어도 혼자서 우주선 집에서 잘 잤다.

마루는 밤새 여기저기 몇 번을 옮기며 잠을 잔다. 어머니 집에서 잠을 잘 때는 내 방과 어머니 방, 그리고 거실을 오가며 잠자리를 옮긴다. "무슨 왕이 침소를 옮기듯이 옮겨 다니니? 나는 후궁이니?"라며 웃기도 했는데 바롱이는 그 반대이다.

한번 잠을 청하면 그 자리에서만 잠을 잔다. 요즘은 자기 집도 거의 들어가지 않고 새로 편한 곳을 찾아낸 듯한데, 바로 침대 밑이다. 한번 들어가더니 굉장히 안락한지 침대 밑에서 잠을 자기 시작했다. 기본적으로 바롱이는 저녁을 먹고 밤 9시에 취침하고 새벽 5시 반에 어김없이 일어나는 스타일이다. 산책하자고 말하지 않으면 아침 8시까지 잠을 자는 마루와는 달리, 바롱이는 항상 똑같은 자리에서 일찍 자고 일찍 일어나는 새마을운동 청년 같은 강아지이다. 그런 이유로 매일같이 침대 밑을 청소하는 강제적 습관이 또 생겼다. 침대 밑에 마약 방석을 놓으니 이제 밤에는 절대로 바롱이를 볼 수 없게 되었다.

희한한 것은 마루와 바롱이는 서로의 집에서 잠을 청하지는 않는다. 맨 처음 바롱이가 집에 왔을 때 마루에게 의지하고 싶은 듯 자고 있는 침대 위에 같이 쪼그려 누웠지만 무심한 마루가 자리를 비켜 버리니 더 이상 곁에 가지 않는다. 마루 또한 질투 때문인지 아니면 새 집이 마음에 들어서인지 몰라도 바롱이의 작은 우주선 집에 몇 번 들어가고는 들어가지 않는다.

바롱이가 좋아하는 침대가 있다. 인도에서 제작된 '인디안빠리지엥'의 것으로 독특한 식물 패턴과 벨벳 테이프 매치가 매우 이국적이라 기도 방석으로 사용할까 싶어 구매한 방석이 바롱이는 침대로 더없이 좋았나 보다. 작은 우주선에 들어가지 않으면 거실에서는 대부분 이 침대에서 잠을 청한다. 사실 글을 쓰고 있는 지금도 그곳에서 잠을 자고 있는데, 정말 재미있는 것은 마루는 이곳에는 올라가는 적이 없다.

이렇듯이 강아지들은 각자 자기가 선호하는 집의 취향도 다르고 잠자는 모양새도 모두 다르다. 고양이를 키워본 적이 없어 모르지만 고양이도 그러하지 않을까. 아마 다람쥐도, 호랑이도, 여우도, 동물들 모두 각각 취향과 성향이 모두 다를 것이다. 인간만 취향이 있는 것이 아니다. 이렇듯이 모든 동물들이 잠자리마저도 모두 취향과 성향이 다른데 뜬장 속의 강아지들은 얼마나 힘들까 싶다. 죽는 날까지 바닥도 제대로 없는 곳에서 생리 현상까지 그곳에서 처리하며 지내는 강아지들을 생각하면 그저 마음이 아플 수밖에 없다.

스타일리시 미스터 마루

마루는 아픈 곳이 많기에 언제나 조심해야 한다. 당뇨가 있다 보니 합병증으로 인한 질병에 걸리지 않도록 바람이 조금만 불어도 병원에서는 옷을 입히라는 주의를 준다. 그런 이유로 마루에게 필요한 옷을 항상 신경 쓰다 보니 직업이 직업인지라 예쁜 옷을 찾게 된다. 너무 춥지 않을 때는 가볍게 입을 수 있는 티셔츠, 비가 올 때를 위한 우비, 바람이 불기 시작할 때 입는 트렌치 코트나 가벼운 케이프, 추울 때 입는 패딩까지 종류도 다양하다. 그러다 보니 마루와 옷을 맞춰서 입게 되는 때가 많다.

마루가 '퍼피앤젤'의 스트라이프 티셔츠를 입을 때는 나 역시 스트라이프 티셔츠를 입고 둘이 똑같이 '인포멀웨어'에서 구입한 선염 스카프를 맨다. 대체적으로 명품이나 브랜드를 따지기보다 디자인을 먼저 보다 보니 잡식성 취향이다. 스트라이프 티셔츠 종류도 유니클로나 무지부터 꼼데가르송과 쁘띠바토, 생제임스에 이르기까지 스타일도 다양하다. 마루도 마찬가지로 옷을 구매할 때 웬만해선 티셔츠류는 3천 원에서 1만 원 언저리, 아우터는 2~3만 원대와 같이 부담스럽지 않고 디자인이 좋은 것을 쿠팡에서 구매한다.

처음 마루를 입양한 당시는 국내에 강아지 용품의 열기가 대단하지 않아 미국이나 영국 출장길에 CK-MAX나 CJ-MAX, 지금은 사라진 센츄리21 아울렛에서 매우 저렴한 가격에 아름다운 강아지 옷을 발견하곤 했다. 때때로 아마존에서 구입한 니트를 미리 주문하여 호텔에서 받기도 하는데, 그렇게 온라인에서 발견한 곳이 '무트로폴리스'이다. 지성이면 감천이라고 샌디에이고에서 LA로 향하다 우연하게 들른 솔라나 비치 해변에 갔다가 무트로폴리스 본점을 발견하곤 그야말로 입을 다물 수 없었다. 매장 안에는 캘리포니아 스타일답게 화려하고 힙한 디자인의 하네스, 의류들이 넘실거렸다.

영국은 또 어떠한가. '바버'와 '버버리'의 나라가 아닌가. 일단 바버의 강아지 코트는 내가 입고 싶을 정도로 멋지고 귀족적이고 세련되었다. 금액도 5~6만 원 선으로 생각보다 비싸지 않다. 그럼에도 불구하고 구매하지 않고 꾹 참았던 것을 코츠워드에 위치한 데일스포드 팜에 갔을 때는 절대로 비싼 옷을 사지 않는다는 금기를 깨고 말았다. 왁스 코팅(영국은 비가 많이 오기 때문에 면에 왁스 코팅을 해서 워터프루프로 만든다)한 카키색 코튼 코트가 너무 멋져 구매했지만 몇 번 입어 보지 않고 트로피처럼 모시고 있다.

영국은 확실히 우아하고 고급스러운 스타일이 많다. 벨벳 누빔으로 된 코트는 벨크로가 부착되어 있어 착용이 편하다. 일본 몽벨의 반려동물 코너에는 특히 산악인의 반려동물에 어울리는 스타일이 많다. 마루의 경우는 노란색 우비를 구매해 오랫동안 전국을 누비며 잘도 입었다.

점차 한국 브랜드를 선호하게 된 계기는 역시 '퍼피앤젤' 때문이다. 퍼피앤젤은 강아지 패션계의 몽클레어이다. 지극히 개인적인 소견이지만 잘 만들어진 패딩과 티셔츠 디자인 몇 가지에 패턴과 컬러로 베리에이션을 주다니. 품질도, 스타일도 어찌나 고급스러운지 눈물이 날 정도다. 라벨부터 패키지까지 워낙에 고급스럽다 보니 다른 브랜드에 비해 금액이 비싼 편이다. 마루와 바롱이의 패딩 코트는 세일 때를 기다렸다 세트로 구매한 적도 있다.

Gabriel Coco Maru

뉴욕이나 런던으로 수출하고 싶은 브랜드도 있다. 바로 '뮤니쿤트'와 '리틀콜린'이다. 모던하면서도 세련된 컬러로 정말 귀엽고 멋지다. 유튜브 채널 〈조조캠핑〉에 항상 등장하는 말티즈, '조분홍'은 비가 올 때마다 뮤니쿤트의 비옷을 입는다. 리틀콜린은 또 어떠한가. 신세계 고급 멀티숍인 '분더숍'에서 알게 된 제품이라 그런지 디자인이 매우 세련되어 백화점 물건을 소싱해줄 때 미팅까지 했다.

이렇게 다양한 브랜드와 제품이 있다 보니 욕심나는 옷이 정말로 많지만 결국 마루에게 입히는 옷은 거의 비슷한 스타일이다. 마루와 바롱이는 웬만하면 세트로 사 입히는데 나는 '킨포크 매거진' 스타일의 포틀랜드 룩을 선호한다. 강아지에게 바지까지 입히는 것은 싫고, 추위를 막을 수 있는 옷 중에서도 남자아이들에게 어울리는 체크나 스트라이프에 베이지, 브라운톤이나 네이비 컬러를 매치시킨다.

이렇듯 마루는 건강을 위해, 바롱이는 사람들의 선입견을 깨기 위해 스타일링을 하다 보니 어느 새 나와 비슷한 옷이 많다는 사실을 알고 혼자 배시시 웃고 말았다.

Maru's TIP

마루가 좋아하는 브랜드와 장소

무트로폴리스Muttropolis
샤넬의 광고 모델이 된 래퍼 퍼렐이나 스타일 아이콘인 브루노 마스도 무트로폴리스의 스터드 장식의 체크 하네스를 보면 목걸이로 사용하고 싶다 생각하지 않을까? 그 정도로 캘리포니아 감성의 힙하고 핫한 디자인의 제품이 가득하다.

퍼피앤젤 Puppy Angel
마루를 처음 입양할 때 원래 집에서 보낸 패딩 점퍼로 알게 된 브랜드. 패딩과 티셔츠는 인간인 나도 입고 싶을 정도로 사랑스럽고 세련되었다.

페스룸 Pethroom
정말 박수를 치고 싶다. 어떻게 그렇게 패키지부터 마케팅까지 정성 들여 만들었는지. 강아지는 물론 고양이 목욕용품 등을 판매하는 곳으로 품질도 좋다.

뮤니쿤트 Munikund
어찌나 디자인이 세련되었는지. 간결하면서도 컬러로 포인트를 준 레인코트나 티셔츠가 특히 눈에 띈다.

리틀콜린 Little Colin
패턴도 좋고 품질도 좋다. 허투루 만들기보다 자신들의 콘셉트를 정확히 제시하는 기획을 하다 보니 정말 인간 브랜드처럼 훌륭하기 그지없다.

찰리스백야드 Charley's Backyard
이마트에서 발견한 브랜드로 가성비 좋고 디자인도 좋은 포틀랜드 스타일. 특히 겨울옷에 강한 '찰리스백야드'의 오렌지색 패딩 점퍼를 마지막 세일로 2만원 대에 구입해서 입은 마루를 보며 이모부는 걱정했다. "개한테 무슨 이렇게 비싼 옷을 입히냐!"

한약방강아지

마루 생일도 아니고 내 생일에 송도 반려동물 페어에 가서 발견한 프리미엄 한방 영양 간식 제품이다. 작가 박수연이 민화로 강아지와 고양이를 그린 패키지가 어찌나 고급스럽고 인상적이던지 구매했다. 다양한 한방 재료를 사용하여 건강하게 만든 영양 간식이라 마루와 바롱이는 물론 주변 동물들에게 선물로 최고다.

반려동물 유치원 아이엠 IM

마루를 처음 입양하고 나서 하던 일이 CJ 오쇼핑 일이었다. 본사에서 가까운 곳을 찾다 알게 된 가정집을 개조해서 만든 유치원으로, 지금까지 거의 10년 가까이 다니고 있다. 바롱이가 특히 좋아하는 곳으로 원장님과 선생님들이 연령대가 있어서 안정적이다. 특히 원장님의 교육은 인정이 많지만 단호한 편.

해피퍼피 Happy Puppy

논현동 사무실에 근처를 찾다 알게 된 곳이 바로 해피퍼피다. 우리나라 최초의 법인 강아지 유치원으로, 인간 유치원에서 사용하는 앱으로 보호자들에게 일상 영상과 정보를 공유한다. 선생님들이 젊고 친절하다.

홀리케어파크 Holicare Park

말해 무엇하나. 배우 배정남의 가족인 '벨'이 전신마비가 왔을 때 물심양면으로 재활시켜준 홀리케어파크의 영상은 유명하다. 마루를 두고 오랜 시간 해외 출장을 가야 할 때, 나이 든 어머니에게 하루 두 번 인슐린 주사 투여와 수많은 약을 챙기고 산책시키는 일을 떠맡기기에 무리가 있어 수소문 끝에 알게 된 곳이다. 삼성의료원에서 간호사로 일하다 강아지를 입양하고 나서 만들게 된 홀리케어파크는 마루와 바롱이를 안심하고 맡길 수 있다.

파인독Pine Dog

강릉 출장 시에 애용하는 곳으로 도대체 사천 산속에 이렇게 좋은 시설의 애견 운동장이 있나 싶을 정도로 멋진 곳이다. 천연 잔디에 제초제를 사용하지 않아 안심할 수 있는 데다 실내 분위기도 좋다.

고급 감옥

전에 살던 아파트는 재개발을 앞둔 오래된 아파트였다. 재개발 대상이 될 정도로 오래된 아파트는 예전에는 꽤나 잘 나가던 아파트였다. 그래서인지 그곳에는 한때 회사를 운영했던 CEO이거나 의사, 정치인 혹은 고위 공무원 등 전문직에 종사하다 은퇴한 사람들이 유난히 많이 산다. 한강이 바로 눈앞에 보이는 아파트 안쪽은 평수가 넓은 곳으로, 산책을 하다 보면 누가 봐도 '나 부유해요' 하는 할아버지와 할머니가 산책을 하는 모습을 종종 본다. '올드머니' 스타일의 어떤 할아버지는 골프 모자를 쓰고 폴로셔츠에 각 잡힌 바지를 입고 언제나 우아하게 산책을 하거나 아파트 앞에 다리를 꼬고 앉아 계시곤 했다. 매번 혼자 다니던 할아버지에게 어느 날 동반자가 생겼다. 작고 어린 강아지였다.

"할아버지, 강아지 얻으셨어요?"

"내가 심심할 것 같다고 애들이 사 왔어. 이제 2개월이라고 하네."

그 어린 것이 엄마 품에서 떨어졌을 일도, 그 어린 것을 품에서 떼어내고 허탈해했을 어미개를 생각하면 마음이 아팠다. 아무렇지 않게 '사 왔다'는 표현을 하는 할아버지 옆에서 목줄을 한 강아지가 마루와 바롱이를 보고 좋아 죽겠다 반긴다. 그러나 할아버지가 짧게 줄을 맨 탓에 강아지는 계속 튕겨 나간다. 한눈에 봐도 어린 강아지 에너지가 엄청나다.

"할아버지, 어쩌자고 이런 강아지를 구하셨어요. 조금 더 얌전하고 순한 아이 구해달라고 하시지."

"몰라. 애들이 귀엽다고 사 왔어."

사 왔다는 말만 반복한다.

"할아버지, 이 아이 키우기 어려우실 텐데…. 어떻게 키우실 거예요?"

"맞아. 아주 지랄이야! 지랄이 보통이 아니야. 허리까지 점프해서 뛰어 올라와."

"할아버지가 잭러셀테리어를 어떻게 키우세요."

한숨이 절로 나왔다 잭러셀테리어로 말할 것 같으면 아주 오래전 짐 캐리가 등장한 영화 〈마스크〉에서 주인공을 몇 번이나 구한 강아지이다. 엄청난 체력, 점프력, 높은 지능, 장난기와 무모함, 독립정신으로 유명한 잭러셀테리어는 영화배우 최민수가 예능에 나올 때 등장하는 바로 그 강아지이다. 잭러셀테리어의 점프력은 어마어마하다. 달리기는 또 어떠한가. 거의 치타 수준급이다. 그런데 한 발 내디딜 때마다 1분 정도 시간을 소요하는 할아버지에게 잭러셀테리어라니. 도대체가 자식이 누구인지 몰라도 어쩌자고 할아버지 친구로 이런 강아지를 택했는지 오지랖이 발동되어 걱정을 태산처럼 하게 되었다.

아기 잭러셀테리어 강아지가 마루와 바롱이만 보면 놀자고 뛰어오는데 내 오지랖이 발동할까 싶어 일부러 외면하고 멀리 돈다. 산책이나 제대로 시키는지 시간이 5~6개월 지나서도 할아버지는 강아지의 목에 목줄을 채우고 현관 앞에 우아하게 앉아 있다. 그래도 할아버지는 강아지가 갑갑할 것 같다며 아파트 밖에 의자까지 내놓고 앉아서 강아지에게 바깥 구경을 시킨다. 그러나 매번 마루와 바롱이를 멀리서 발견하면 강아지는 절규에 가까운 비명을 질러 우리를 부른다.

"마루 오빠~~~~! 바롱 오빠~~~~! 나 여기 있어요."

전쟁터에서 헤어진 오빠를 애타게 부르듯이 부르는데 그 소리가 정말로 처절할 지경이다. 꼴통 대장 오도방정 바롱이도 처음에는 잭러셀테리어 강아지를 보고 반가워했지만 이제는 딴청을 하며 도망친다.

오죽하겠는가. 강아지 중에 에너지가 최고급에 달하는 체력의 소유자인데 저렇게 목줄에 묶여 아파트 현관 앞에 앉아 하늘만 바라보고 있으니 괴로울 것이다. 지금이야 아직 어려서 어리광을 부리는 정도로 끝날지도 모르지만 나이가 들면 엄청난 스트레스로 문제가 발생할 것은 뻔한 일이다. 그렇게 스트레스가 쌓인 강아지들 대부분이 사회성이 없고 예민하여 사람을 보면 짖어대거나 물어뜯게 되는 것이다. 결국 안되겠다 싶어 할아버지에게 같이 산책하자 청했다.

"그럴까. 그럼."

일어선 할아버지를 보고 강아지도 엄청나게 기뻐 날뛴다. 그러나 마루와 바롱이는 어린 강아지가 부담스러운 듯 멀리 도망가려 하는데 나까지 야속하다.

"바롱아. 너도 얼마 전에 저렇게 호들갑을 떨었어. 뭘 그렇게 조용한 척하니."

어린 강아지가 마루와 바롱이 뒤를 따라 같이 가고 싶어하지만 두 마리가 나 몰라라 앞서가니 걸음이 느린 할아버지로 인해 목줄이 목을 조르는 듯 튕겨 나간다. 바롱이가 처음 입양왔을 때 했던 작은 하네스를 할아버지에게 드렸다. 그리고 며칠 후 마주친 강아지는 여전히 목줄을 하고 있었고, 리드줄이 팽팽히 당길 때마다 목이 튕겨 나갔다.

"애가 하도 지랄을 해서 빠져 나가더라고."

할아버지는 내심 같이 산책하며 강아지들이 같이 놀기를 바라는 듯하지만, 마루와 바롱이가 저리 부담스러워 도망을 치니 억지로 놀라고 강요도 못하겠다. 그렇게 뒤돌아 오면 잭러셀테리어 강아지는 거의 비명에 가까운 소리를 낸다. '오빠~ 가지 마!'라는 듯이.

결국 할아버지의 사모님에게 말씀을 드렸다. 남의 집 일에 오지랖도 넓다 하겠지만 정말로 보기가 안쓰러웠기 때문이다. 부유해 보이는 집이니 유치원이나 놀이터에 보내 훈련도 시키고 한두 시간씩 놀다 보면 괜찮아지지 않을까 싶었기 때문이다. 그러나 그 책임은 매일 아침마다 자동차를 쓸고 닦기를 열심히 하며 항상 집 앞에서 대기하는 기사분의 몫으로 돌아간 모양이다. 아침마다 기사님은 구두를 신고 잭러셀테리어와 함께 열정적으로 뛰어다니는데 괜히 죄송스럽다.

"저 때문에 일이 늘어나셨겠어요. 힘들면 못하겠다고 하세요"라고 또 오지랖을 피우는 나에게 기사분은 사람 좋게 말한다.

"사모님이 용돈을 주시기로 했어요. 그리고 무엇보다 저도 이 아이가 가여워서 같이 뛰어도 괜찮아요."

아들이 개가 무슨 유치원이냐고 핀잔을 준 모양이다.

유튜브에서 유명 연예인이나 재미있는 개인기를 가진 강아지 영상을 즐겨 보던 때가 있었다. 해외 예능 프로그램까지 섭렵한 개인기 많은 강아지, 엄청나게 예쁘게 꾸며주고 생일파티까지 해주는 연예인의 강아지가 귀여워 구독도 했지만, 어느 날 강아지들의 발바닥을 본 후에는 구독까지 취소하고 보지 않게 되었다.

보호자들이 강아지를 부둥켜안고 자랑스럽게 발바닥 패드를 보여주는데 모두 발바닥이 새까맣고 한 번도 걷지 않은 것처럼 깨끗하고 부드러운 것이다. 나이가 적지도 않은데 어떻게 그럴 수 있는지 모르겠다. 열심히 크림으로 마사지를 해서 그런 거라면 당장 미안해야 할 일이다. 마루는 물론 바롱이조차 발바닥 패드는 이제 거의 회색이 되었는데 저렇게 까맣고 보송보송한 젤리처럼 나도 만들어주고 싶다.

산책의 즐거움을 아는 강아지들의 표정이 어떤지 알게 되면 비가 와도 꾸역꾸역 산책을 나설 수밖에 없다. 사랑은 상대방이 좋아할 일을 같이하고 함께 맞추며 그렇게 서로에게 필요한 존재가 되어야 한다. 그렇지 않으면 그저 장식장에 올려둔 트로피가 되고 만다.

만약 지금이라도 부모님을 위해 반려동물을 고민하는 분이 있다면 꼭 먼저 생각해야 할 것이 있다. 부모님의 경제력, 체력, 성격에 맞는 강아지를 선택하지 않으면 평생 고급 감옥에 갇힌 인형 같은 존재로 동물들은 살게 된다. 반려동물은 나의 취향에 맞추는 것이 아니라 나의 상황에 맞게 입양해야 하는 것을 잊지 말았으면 좋겠다.

멍BTI

마루는 인품이 좋다. 물론 마루는 인간이 아니지만 '견품'보다는 '인품'이 좋다는 말을 쓰고 싶다. 그 정도로 성품이 온유하고 착하다. 그런 마루를 보다 보면 내 자신을 돌아보게 된다.

"키우기 쉬운 종은 뭐가 있을까요?"

들을 때마다 거북한 질문이다. 물을 자주 안 줘도 된다는 선인장도 죽일 때가 있는데, 이 세상에 키우기 쉬운 종이 어디 있을까. 행동교정사들이 가장 만나기 어렵다는 강아지 중에 하나가 시츄라고 한다. 일단 순한 성격인 탓도 있지만 머리가 나빠서란다. 머리가 나빠서 화를 안 낸다니 정말 '웃프게' 귀엽기 그지없다.

생명은 내가 선택하는 것이 아니다. 생명을 보호하기 쉽지 않은 이유는 모두의 성격과 성향이 다르기 때문이다. 종에 따른 특성도 다 다른데 어떻게 '쉽다', '어렵다'로 나뉠 수 있겠는가. 하다못해 식물도 성향이 모두 다르다. 어느 것은 조금만 물을 줘도 쭉쭉 자라고, 어느 것은 물을 아주 세심하게 줘도 금세 시들시들하게 변한다. 또 어느 나무는 뿌리를 너무 넓게 내리고, 또 어떤 것은 좁고 높게 하늘을 찌를 듯이 자라기도 한다.

그런데 동물은 그 성격과 성향의 차이가 극명하게 다르다. 고양이와 강아지의 성향도 다르고 왈라비와 캥거루도 다르다. 호랑이와 사자도 다르고 북극곰과 판다, 독수리와 갈매기 모두 그 성향과 성격이 생김새만큼 다르다.

마루와 함께 지내면서 내가 그렇게나 좋아하던 오리고기 먹기가 불편하게 된 이유가 바로 그 '성격과 성향' 때문이다. 각기 달라도 너무 다르고 본인의 취향까지 서로 다른 마루와 바롱이를 보면서 점차 생명에 대해 깊게 생각하게 되었다. 나만 취향이 고급스럽고 까다롭고 섬세한 것이 아니다. 고양이나 강아지도 마찬가지이다. 마루는 무얼 줘도 잘 먹는데, 바롱이는 고기 반찬이 없으면 휙 돌아가버린다. 그런 사실을 알게 되니 얼마나 많은 유기견과 유기묘들이 사람의 사랑도 받지 못한 채 외롭게 죽어갔을까 싶다. 사랑에 따라 강아지나 고양이들도 자신의 성격과 성향이 드러나며 자아를 찾게 된다.

바롱이도 그랬다. 처음에는 모든 것이 신기했고, 두려웠고, 좋았다. 아직 여행에 서툰 바롱이를 호텔에 맡기고서 마루와 여행을 간 적이 있는데, 그때 바롱이는 아무 생각 없이 뒤도 안 돌아보고 신나게 들어갔다. 그러나 점차 바롱이는 호텔에 가기 싫어했다. 자신의 집이 생겼다는 사실을 알게 된 것이다. 인형도 마찬가지이다. 처음엔 모든 인형이 다 신기했지만 점점 자신이 좋아하는 인형이 생겼다. 분홍색 돼지 인형과 털실 버선, 그리고 커피 나무이다. 강아지와 고양이, 판다와 호랑이에게는 모두 자신만의 세계가 있는데 인간은 자기들만 성격이 있다고 생각한다.

처음부터 바롱이는 마루를 정말로 좋아했다. 분명 말을 못해 그렇지 '네가 착각할까 내가 짚고 넘어가는데 나는 저 하얗고 동그란 형 따라온 거개'라며 나에게 따졌을지도 모른다. 그런데 마루는 어린 시절부터 조용한 것을 좋아했다. 우습겠지만 클래식 음악을 틀 때는 가만히 있지만 팝이나 랩을 틀면 머리를 구석에 처박는다.

친구 관계

마루는 너무 호들갑스럽고 에너지 넘치는 친구보다 천천히 알아가는 상대를 좋아한다.

"오늘 누구랑 놀았어? 마루."

퇴근 후 유치원에 데리러 가서 장난삼아 물었더니 뒤에서 선생님이 대신 대답한다.

"뭉치요."

"네? 마루가 친구가 있어요?"라고 놀라 물었다.

"그럼요. 마루는 나대지 않는 조용한 아이를 좋아해요. 그래서 항상 뭉치랑 놀아서 산책도 둘이 같이 시켜요."

놀라 자빠질 일이었다. 바롱이도 유치원에 가면서부터 누구랑 노는지 궁금해져 선생님께 물었다. 바롱이는 마루와 달라도 너무 다르다.

"바롱이는 에너지가 많아 여러 애들 데리고 우르르 몰려다니며 놀아요. 쉴 때만 마루 옆에 가서 쉬지요."

매번 들을 때마다 놀랍다. 내심 겁이 나 혹시 다른 개에게 피해를 주는 일진은 아닌지 묻기까지 했다. 다행스럽게 일진은 아니고, 그저 에너지가 넘치는 친절한 강아지라고 했다.

산책하는 법

나는 가끔씩 길에서 레오나르도 다빈치의 '비트루비안 맨'처럼 양팔과 다리를 넓게 벌리고 서 있는 때가 있다. 그 이유는 마루와 바롱이의 다른 취향 때문이다. 조용하지만 호기심이 많고 외형적인 마루는 매번 같은 길을 산책하는 것을 싫어한다. 트럭이 많이 오고 다녀도 신경도 쓰지 않고 자기 길만 걷는 스타일이다. 그러다 보니 언제나 아파트 밖으로 나가려 한다.

반면 바롱이는 언제나 자기가 아는 길만 고집한다. 차도 주차되어 있는 승용차만 안전하고 쌩쌩 달리는 버스는 그야말로 돈키호테 눈에 보이는 풍차와 같다. 바롱이와 길을 걸으면 안쓰러울 정도다. 엉덩이를 낮추고 최대한 벽 쪽에 붙어 이리저리 두리번거리면서 걷기 때문이다. 그러다 보니 아파트 밖으로 향해도 바롱이는 질색팔색 안 나가겠다고 자리에서 움직이지 않는다.

그런 이유로 두 마리가 고집을 부리며 리드줄을 당기면 영락없이 비트루비안 맨이 되는 것이다. 이러한 대치 사태의 결말은 그날의 나의 컨디션과 강아지들의 기분에 따라 결정된다. 2~3분 서로 고집을 부리다 한쪽이 양보를 할 때도 있다. '오늘은 꼭 아파트 밖을 나갈 것이개'라고 마루가 고집을 부리면 어쩔 수 없이 한숨을 쉬며 (진짜로 한숨 쉬는 모양이 너무 웃기다) 바롱이가 고개를 숙이고 따라온다.

마루는 조용하지만 굉장히 대범하고 호기심이 많다. 그러다 보니 꽃잎, 나뭇잎 하나하나를 다 냄새를 맡고 확인하며 산책한다. 회사 파트너의 강아지인 시바견 모찌는 굉장히 차분한 성격의 소유자인데도 불구하고 마루와 산책하는 것을 매우 싫어한다. 처음엔 강아지들이 나무와 꽃잎에 소변을 본 냄새 때문인가 생각했다. 그런데 마루는 정말로 꽃잎, 나뭇잎을 확인하고 그것도 모자라 어떤 때는 가지 사이로 얼굴을 처박고 냄새를 맡는다. 다시 고개를 들어올린 마루의 머리 위에는 꽃 한 송이가 피어 있어 나를 웃게 만든다.

마루는 산책을 다 하고 나서 벤치에 앉아 있는 걸 좋아한다. 무슨 생각을 하는 것인지 줄을 잡아 당겨도 꿈쩍도 않고 그 순간을 눈까지 감고 즐긴다. 눈이 오건 낙엽이 지거나 바람이 불어도 마루는 10분 이상은 앉아서 사색을 즐긴다. 바롱이는 그런 마루가 이해가 안 된다는 듯이 처음엔 나의 손을 끌고 집에 가자고 줄을 잡아당겼다. 그런데 마루를 따라해서인지 어느 때부터는 자기도 정원에서 놀다 벤치에 가서 폴짝 올라가 사색을 시작했다. 벤치에 앉아 바람을 즐기는 마루가 귀여워 항상 콧등에 뽀뽀를 하거나 안아주는 것이 부러웠는지 모르겠다. 이제는 분명 바롱이도 생각에 잠겨 여유를 즐기는 강아지가 되었다.

좋아하는 음식

음식 취향도 마루와 바롱이는 정말로 다르다. 일단 마루는 미식가이면서 먹보이다. 다른 강아지들이 브로콜리나 셀러리, 오이를 싫어하는 것을 보고 마루는 정말 다 잘 먹는구나 싶었다. 반면 바롱이는 고기 반찬만 좋아한다. 평생 사료만 먹을 것이 안쓰러워 약간의 단백질을 섞어준다. 보통은 닭고기 가슴살이나 기름기 없는 부위의 소고기를 넣어주지만 때로는 북어나 흰살 생선, 삶은 브로콜리를 잘게 썰어 병원에서 처방한 용량의 사료에 섞어주는데 마루는 '첩첩' 소리를 내며 눈 한 번 깜박하면 사라진다.

그러나 바롱이는 고기 반찬이 없으면 먹지를 않는다. 들판에서 처음 데리고 왔을 때부터 바롱이는 '입맛이 제대로 까다로운 분'이셨다. 처음엔 너무 긴장해서 잘 먹지 않는다 생각했지만 바롱이는 육식 체질이다. 깜박 잊고 고기를 준비하지 않아 북어를 곱게 채썰어 섞어주면 서너 입 먹다 나를 바라본다. "없어. 그냥 먹어. 이따 고기 반찬

만들어줄게"라고 하면 또 한숨을 쉬며 고개를 밥그릇에 숙여보지만 몇 입 먹다 자기 방으로 가버려 나를 속상하게 만든다.

물론 간식 취향도 다르다. 마루는 북어를 삶거나 데쳐주면 잘 먹는다. 그러나 바롱이는 아삭아삭하게 에어프라이어에 구워야 잘 먹는다. 아주 까다롭다.

수면 습관

잠자리도 마찬가지이다. 마루는 여러 군데를 돌아다니며 자는 스타일이다. 대체적으로 내 주변에 있거나 한밤 중에는 자신이 제일 편한 곳에서 내가 없더라도 잠을 잔다.

그러나 바롱이는 전혀 다르다. 어느 새부터 바롱이는 나의 침대 밑에서 자는 것이 편한지 그곳에서 나오지를 않는다. 처음부터 바롱이는 침실을 유난히 좋아해서 침대 위에서 자다 자기 집을 만들어주니 한동안은 그 안에서 잤다. 바롱이는 한번 잠을 자러 자신의 거처(?)에 들어가면 새벽이 될 때까지 아무리 이름을 불러도 전설 속의 유니콘처럼 얼굴도 내보이지 않는다. 어쩌다 한밤중에 나와도 물을 마시러 나올 뿐. 거실에서 TV를 보며 같이 놀다가도 바롱이는 뒤도 안 돌아보고 방으로 들어간다. 몇 번 이름을 부르면 얼굴도 돌아보지 않고 서서 망설이다 그대로 방 안 침대로 사라진다.

외출 준비

마루는 늦잠꾸러기다. 산책을 가자고 해도 몇 번을 불러야 간신히 일어나 멀뚱히 쳐다보다 상황 파악을 하고 갑자기 돌고래 소리를 낸다. 그러나 바롱이는 처음 집에 왔을 때부터 지금까지 항상 5시 반에 일어난다.

산책을 나갈 때도 둘의 스타일은 전혀 다르다. 마루는 순순히 자신의 하네스가 있는 곳으로 다가온다. 그런데 바롱이는 나와 약간의 신경전을 벌인다. 산책하자고 난리 난 녀석이 갑자기 거실 한가운데서 나의 움직임을 지켜본다. 내가 자기를 쳐다보면 '어서 나도 묶어주개' 라는 듯이 꼬리를 흔들며 기다리고, 내가 하네스를 먼저 마루에게 채우려 하면 득달같이 달려와 자기 하네스를 입에 물고 다가온다. 아주 웃긴 꼴통이다.

TV 시청

강아지 전용 TV 프로그램이 있어 마루에게 틀어줬더니 전혀 보지를 않아 이내 껐다. 어느 날 화상통화를 하는데 마루가 아는 척을 하길래 놀라 "너 볼 줄 아는구나" 했더니 예의 그 무심한 얼굴로 모르는 척한다. 반면 바롱이는 유튜브 영상까지 섭렵할 정도로 동영상을 좋아한다. 바롱이에게 유튜브를 틀어주면 조용하게 바뀐다. 나는 여느 엄마처럼 유튜브를 틀어주고 다른 볼일을 볼 때도 있다.

Maru's TIP

멍BTI 알아보기

행동학 수의사 설채현 원장의 유튜브 채널 '설채현의 놀로와'를 보다가 '강아지도 MBTI가 있다'는 것을 알게 되었다. 개체수가 많아지면서 종 안에서도 종별 특성을 버리고 성향 테스트를 해서 서로 이해하고 행복해지는 것이 반려동물과 생활하는 데 도움을 준다는 것이다. 특히 우리처럼 다둥이 가정은 서로의 성향을 파악해보는 것도 도움이 될 듯하다.
강아지들도 인간처럼 크게 네 가지 유형으로 나뉜다. 이 내용을 참고하여 자기 강아지의 성향을 찾아 멍BTI를 알아보자.

1 활동성 Energy

E 동적 성향: 에너지와 열정의 소유자

P 정적 성향: 침착하고 차분함

2 관계성 Relationship

S 관계 지향: 반려인 바라기

I 독립 지향: 스스로 행동하기

3 적응성 Adaptability

C 자신감형: 새로운 환경에 대한 호기심, 자신감

W 신중형: 새로운 환경에 대해 조심스러운 태도

4 반응성 Reactivity

F 충직형: 보호자의 지시에 잘 따르고 성실함

A 기민성: 재치와 요령이 있음

마루는 침착하고 차분한데 스스로 행동하고 재치 있는 PICA이다. 마지막 충직형 F와 기민성 A에서 망설이기는 했지만 유순하면서도 재치 있어 A를 택했다.
바롱이는 에너지가 많고 열정적이며 반려인 보호자 바라기에 조심스럽고 재치와 요령이 있는 ESWA이다.

멀어져가는 모습을 기억하고 있구나

하루가 멀어져가도, 사랑이 멀어져가도, 매일이 멀어졌다고 세상 슬픈 노래까지 나온다. 노래 가사처럼 내가 떠난 보낸 것도 아닌데 바롱이는 사랑하는 이의 멀어져가는 뒷모습을 바라보며 일방적인 이별을 해야만 했다. 모두가 함께 산책한다고 좋아하며 나갔다가 이별을 하게 된 것이다. 도로에서, 들판에서, 숲속에서, 공원에서 멀어져가는 주인의 뒷모습을 보며 그들은 이별을 받아들이지도 못했을 것이다.

"바롱이가 이렇게 달라질 거라고 생각도 못했어요."

가끔 회사 사람들이 바롱이 칭찬을 하면 기쁘기 그지없다. 나를 빤히 쳐다보는 바롱이의 눈이 너무 예뻐서 이런 말을 한다.

"너를 버린 사람들이 어디 사는지 한번 같이 가면 좋겠다. 우리 바롱이가 얼마나 똑똑하고 예쁘게 컸는지 보여주게!"

이렇게 바롱이를 사랑할 거라고는 생각지도 못했다. 마루를 키우면서 건강이 좋지 않은 아이와 그 부모의 마음을 헤아릴 수 있게 되었다면, 바롱이를 키우게 되고부터는 정신적으로 트라우마가 있는 아이들과 그 부모의 마음을 이해하게까지 되었다. 두 녀석을 사랑하게 되면서 깨달은 일이다.

바롱이를 입양하고서는 처음 1년 동안은 거의 동정으로 키웠다고 말할 수 있다. 그러나 정식으로 입양을 결심한 것은 중성화 수술을 하고 밤새 미동도 못할 만큼 아파하다 아침이 되어 베란다까지 쩔뚝쩔뚝거리면서 걸어가 소변을 보는 바롱이에게 감동해서였다.

그리고 두 번째는 유치원 원장님에게서 바롱이가 잠을 자지 않고 먹이를 먹지 않는 이유를 들어서였다.

“원장님, 바롱이가 잠을 안 자요. 왜 그럴까요?”

“낮에는 잠을 자고 밤에 돌아다녀서 그랬을 거예요.”

생각지도 않은 대답에 가슴이 물컹했다.

“원장님, 바롱이가 먹지를 않아요. 왜 그럴까요?”

“그래서 살 수 있었을 거예요. 의심이 많아 아무거나 먹지 않았을 거예요.”

오열하는 나를 선생님들은 토닥이며 위로했다.

세 번째는 오석헌 동물병원 원장님의 바롱이는 똑똑한 아이라 성견이 될 거라는 말씀 때문이었다. 그런 이유로 굳게 다짐하면서 살다 보니 바롱이는 정말로 똑똑하고 총명한 녀석이었다. 그리고 너무 예민했다. 바롱이는 작은 발소리나 움직임, 비닐 봉지의 움직임에도 몸을 떨거나 침대 밑으로 도망가기 일쑤였다. 그러니 길을 걸을 때 도로는 걷지도 못하여 공원에는 새벽에나 가야만 했다. 마루는 오토바이가 지나가고 트럭이 빵빵 울려도 미동도 않고 자기 볼일을 본다. 그러나 바롱이는 일단 낮은 보폭으로 주변을 두리번거리면서 걷는다.

산책을 나가서도 마음이 짠한 적이 한두 번이 아니었다. 웬만하면 항상 바롱이의 시야에 있으려고 노력하는데 느림보 마루가 있어 쉬운 일은 아니다. 그래도 3년이 지나 이제 서로에게 믿음이 생겨 기다려주기도 한다. 마루는 대부분 내 곁에서 놀기 때문에 바롱이가 내게 달려오기를 기다리지만 거의 오지 않고 그 자리에서 나를 바라볼 때가 있다. 나는 바롱이가 '밀당의 귀재'라고 생각했다.

"이놈의 자식, 정말로 사람 귀찮게 하네."

그러다 알게 되었다. 유트브에 올라온 영상을 보고서 바롱이가 '밀당의 귀재'가 아니라는 사실을 깨달을 수 있었다. 영상의 제목은 '자기 눈앞에서 친구가 도살되는 장면을 목격한 어린 강아지의 모습'이었다. 강아지는 말 그대로 풀이 죽어 땅만 쳐다보고 있었다. 도저히 영상을 볼 수 없었다. 그리고 깨달았다. 바롱이가 왜 항상 넓은 공터나 운동장에서 놀다가도 내가 '간다'라고 소리치고 등을 돌리면 주저앉아버리는지를. 바롱이는 국도가 있는 공장 지대 앞 들판에 버려졌다. 성인 허리 정도 올라오는 억새 갈대가 우거진 들판에 있는 나무에 묶여져서 버려졌다고 공장 사장님은 발견 당시를 기억했다.

그렇다면 바롱이는 떠나가는 보호자의 모습을 기억할 것이다. 젊은 부부를 보고 멀리서도 몇 번 쫓아가려고 한 것을 보면 젊은 부부일 가능성이 크고, 사람 눈에 띄지 않는 새벽이나 어두운 때에 버렸을 것이다. 내가 입양한 때가 9개월 정도였으니, 4~5개월 차에 바롱이는 트럭이 달리는 들판에 남겨진 것이다. 발견 당시 목에 나일론 끈이 매어졌다고 하니 녀석은 오도가도 못하고 쫓아가기를 몇 번이고 반복하며 튕겨졌을 것이다. 아무리 짖고 울어도 주인은 돌아보지 않았을 것이다. 그리고 어둠 속에 홀로 남겨졌을 것이다.

이런 영상을 본 적이 있다. 야생의 세계에서는 도저히 친구가 될 수 없는 곰 '발루'와 사자 '레오' 그리고 호랑이 '칸'의 이야기이다. 어린 시절 지하실에서 심한 학대의 흔적이 있는 채로 발견된 이들은 출생지가 각기 다른 대륙의 다른 종임에도 불구하고 '노아의 방주' 보호소에서 16년간을 함께 살았다. 서로를 의지하고 사랑하며 살아간 이들의 이름을 딴 'B. L. K. Story'로 유명해졌다. 동물들도 인간과 같이 과거를 기억하고 아파한다. 단지 동물이라는 이유로 학대하는 인간들을 대신해서 미안하다 사죄하고 싶다.

그러다 잊을 만하면 떠오르는 아동 학대 기사를 보면 더 마음이 괴롭고 아프다. 학대받고 죽어가는 그 순간까지 얼마나 고독하고, 외롭고, 막막하고, 처참하고, 배고픔과 추위에 고통스러워했을까. 진심으로 그 아이들을 위해 기도할 뿐이다. 천국에서는 사랑하고, 사랑받고, 마음껏 먹고, 외롭지 말라고.

6

마루라는 선물
사랑이라는 기적

그렇게 대수술을 마친 마루가 집에 돌아왔을 때
가장 먼저 한 일은 자기가 가장 좋아하는 베란다 쪽
창가에 다리를 올리고 햇살을 맞으며 잠자는 일이었다.
나는 그런 마루를 보며 일상의 소중함을 다시 한 번 깨달았다.
그리고 마루와 함께한 소소한 순간들이 더 소중하게 느껴졌다.

죽기에 찬란한 일생

사람들을 외딴 섬에서 노예처럼 부리는 못된 이들을 고발하는 내용을 뉴스에서 접한 적 있다. 정신적으로 약한 사람들을 무임금으로 착취하며 본인들의 배만 불리며 산다는 보도 내용을 보고는 흥분이 가시지 않았다. 순간적으로 화가 치밀어 그들을 비난하다가 '우리라고 다를까' 하는 의문이 들었다. 동물원이 동물들에게 그러한 존재는 아닐까. 그들을 고립시켜 무임금으로 일하게 하고 있는 것은 아닐까. 동물원의 존재를 탐탁하게 생각하지는 않았지만 한 번도 동물들이 그곳의 직원이라고 생각해본 적이 없다. 그저 갇혀 지내는 동물들이 가여운 것이 아니라 '정말로 우리가 동물들을 착취하고 있구나'라고 생각하게 되었다.

동물원의 동물들이 직원이라 생각하면 정말로 코끼리와 사자는 노조 위원장이 되어 인간을 쳐부수고 싶을 것 같다. 매번 협상이 결렬되고 무산되어 반란을 일으킨다 해도 정말 할 말이 없는 노조다.

내가 이 전쟁을 시작하지 않았다

지금 내가 싸우는 까닭은 유인원들을 지키기 위해서다

인간과 전쟁을 벌이게 된 〈혹성탈출〉의 시저는 포로로 잡혀 온 인간들에게 이렇게 말한다. 노조는커녕 영화 〈혹성탈출〉처럼 동물들이 반란을 일으켜 전쟁을 일으키지 않을 거라는 사실을 우리는 안다.

우리 안에서 우울증에 걸릴 정도로 착취당한 채 생을 마감하는 동물들도 그러하지만, 시저가 보면 광분할 일은 따로 있다. 바로 동물 실험이다. 산 채로 약물을 투여하고 해부하고 실험하다 버리고 죽여 버리는 것이 인간이다. 나 또한 개미집을 쑤시고 놀던 어린 시절이 있었다. 지금도 육류를 섭취하기 때문에, 잘났다고 생명 존엄을 외치는 것은 아니다. 이렇게까지 함부로 동물과 자연을 다루어도 될까. 여기저기서 길고양이나 강아지들을 던지고, 산 채로 태우고, 눈을 빼고 다리를 절단하는 기사를 본다. 유튜브나 예능에서도 아무런 미안함도 없이 생명을 가지고 농을 하며 탐욕스럽게 먹어댄다.

지속적인 동물협회의 반대로 동물 실험을 하지 않은 뷰티 제품 브랜드가 급성장하고 있다. 사람의 장기와 가장 비슷하다는 강아지를 동물 실험대에 올리는 것을 '좋다', '나쁘다'로 이야기하는 것은 아니다. 그러나 이제는 '불필요한 실험은 막아야 하지 않을까' 하는 생각이 든다. 동물 실험 영상을 요즘은 쉽게 찾아볼 수 있는데, 어떤 것은 도저히 제 정신으로 볼 수 없다. 그 중에서도 특히 비글 강아지에 대한 영상은 눈물을 흘리지 않고 볼 수가 없다. 비글이 동물 실험에 가장 많이 사용되는 이유가 아이러니하게도 가장 낙천적인 성격 때문이라고 한다.

그런데 영상을 보던 중 마음이 아팠던 것은 밖에 나와 신기해하며 두리번거리던 강아지들이 입양을 위해 검진을 받으러 다시 병실에 들어가자 움직이지도 못하고 침까지 질질 흘리는 것이 아닌가. "아니야. 너를 해치려는 것이 아니라 아프지 않나 검사하려는 거야"라며 다시 실험대 위에 올라갔다 착각하는 강아지를 구조원이 위로한다.

성경의 '노아와 비둘기' 이야기에는 인간과 그밖의 피조물이 서로 돕는 공동체로 묘사되어 있다. 동물과 자연은 인간의 소유물이 아니다. 나는 마루로 인해 인생이 달라졌다. 자꾸 반복하지만 정말 달라졌기 때문에 끊임없이 말을 하는 것이다. 처음엔 마루를 키운다고 생각했다. 그러나 점차 나의 인생을 바꾸기 위해 하늘이 보내준 선물이라는 것을 알게 되었다.

놀라운 주님의 은총
너무나 감미로운 주님의 음성이여
나 같은 불쌍한 자를 구해주시니
한때 길을 잃고 방황했지만 이제는 나의 길을 찾았어요
한때 눈이 멀었지만 지금은 광명을 찾았어요

'어메이징 그레이스'라는 노래를 들을 때마다 눈물이 난다. 가수 소향의 감동적인 노래 덕에 가사를 알게 된 후부터 마루를 끼워넣어 부른다. 나는 천주교 신자이나 그 전에는 베드로마냥 그 사실도 숨기며 말하는 것조차 부끄러워했다. 그러다 지금까지 살아온 인생이 내가 산 것이 아니라는 것을 알게 되니 세상 살기 부끄럽고 매일이 기적이었다는 사실을 깨달았다. 그러다 보니 자연스레 예전에 키웠던 동물들이 떠올랐다.

14살까지 살다간 포메라니안 '준이'는 매일 산책을 시키지도 않았다. 그때는 그냥 예뻐해주기만 하면 되는 줄 알아 인형처럼 키웠던 것이 미안할 뿐이다. 준이는 그래도 가족들의 사랑이라도 독차지했다. 지금도 미안하게 생각하는 강아지가 중학교 때부터 고등학교 때까지 대문 앞에 묶여 있던 '쟈니'다. 하얀색에 검은 얼룩점이 있는 믹스견 쟈니는 세 자매가 학교 갈 때나 집에 올 때, 마당에서 놀 때마다 꼬리를 흔들며 반겼다. '제발 저도 같이 놀아요!' 지금 생각해보니 얼마나 같이 놀고 싶어 그렇게 앞발을 들어 올리며 꼬리를 흔들었나 싶어 더욱 미안하다.

얼마 전 철창 속에 평생 갇혀 살던 곰들이 구조되자 한참 동안 서로를 껴안고 있는 영상을 보았다. '말 못하는 짐승'이란 말도 하지 말자. 다 보고, 다 느끼고, 다 생각하는 생명체이다. 인간에게 문명을 선사하기 위해 불을 준 프로메테우스에게 제우스가 준 형벌은 너무도 끔찍했다. 어린 나이에도 《그리스 신화》 책에 그려진 그림이 하도 강렬해 평생 기억에 남을 정도다. 카우카소스 산꼭대기 바위에 쇠사슬로 묶인 채 독수리에게 간을 쪼아 먹히는 그의 얼굴은 고통에 지쳐 넋이 나간 표정이었다. 밤 사이 간이 또 생성되면 상처가 아물기 전에 다시 독수리가 와서 쪼아 먹히기 때문이다. 그건 허구인 그리스 신화이다. 웅담이라면 환장하는 인간을 위해 자신의 쓸개를 내주어야 하는 곰들의 현실은 프로메테우스보다 더 지독하다. 산 채로 몸에 튜브를 꽂아 쓸개즙을 빼내는데 곰들의 표정은 깊은 고통에 지쳐 더 이상 살고 싶지 않은 그런 모습이다.

몸 보신을 위한 학대와 죽음도 그렇지만 동물 실험대에서 무참하게 학대당하다 세상을 떠나는 수많은 동물들을 하늘에서 맞이하며 신은 눈물을 흘릴 듯하다. '오너라. 내 집으로. 이렇게 슬프게 살다 무참하게 죽어 돌아오라, 너희를 저 세상에 보낸 것이 아니거늘.'

2022년 6월에 이런 기사가 마침 올라왔다. 미국의 동물 보호 단체가 자국 바이오 기업이 의약품 개발을 위한 실험에서 동물의 목에 튜브를 꽂고 화학 물질을 투여하는 현장을 폭로했다는 기사(중앙일보 하수영 기자)였다. 보는 내내 한숨이 났다. 영국 일간 〈데일리메일〉에 따르면 미국의 동물 보호 단체인 HSUS는 7개월간 미국 바이오 기업 이노티브의 실험실에서 비밀 조사관이 직접 촬영한 동물 실험실을 폭로한 것이다. 실험실 직원들이 동물들의 목구멍에 튜브로 강제로 밀어 넣어 화학 물질을 주입하는데 개들이 구토, 떨림, 고열, 호흡 곤란으로 벌벌 떠는데도 계속해서 약물을 투여한다. 개와 원숭이들이 고통으로 울부짖는다고 그들은 치료하지 않는다. 심지어 수의사는 실험실 직원들에게 다시 약을 투여하라고 지시까지 한다.

이 사실이 폭로되어 사회의 비난을 받자 회사 측은 합법적인 동물 실험을 통해 인슐린과 에볼라 치료법을 개발했다고 했다. 매일같이 인슐린을 주사 맞는 마루가 있으니 뭐라 할 말도 없지만 소리를 지르는 원숭이 목구멍에 튜브를 집어넣는 모습을 보면 인간으로 태어난 것 자체가 죄라는 생각을 다시 하게 된다.

"마루가 아파할까?"

워낙에 순한 마루도 주사는 정말로 싫은지 매번 숨거나 등을 보여주지 않는 것을 보며 어머니가 내게 물었다. 그래서 내가 말했다.

"엄마도 매일같이 주사 맞으면 어떻겠어?"

슬픈 사실은 그 기사에 실린 비글 한 마리가 순한 얼굴로 철창에 발을 올리고 카메라를 응시하고 있는 모습이었다. 기사를 보니 이런 생각이 떠올랐다. 이번 코비드19 사태가 전 세계로 확산되면서 최대한 빠르게 항생제가 필요했다. 전 세계 사람들이 안전하게 항생제를 공급받기 위해 그 짧은 시간 동안 얼마나 많은 동물들이 실험대 위에 올라갔을까. 생각해본 적이 없는 사실이 내 머릿속을 스쳤다. 과연 항생제를 맞고 코로나를 피해갈 수 있었던 내가 동물 실험을 반대할 수 있을까. 그저 인간으로 산다는 것이 죄일 뿐이다.

마루를 입양하기 전에는 아무 생각 없이 화장품을 구매했다. 그리고 가죽과 모피를 즐겨 입었다. 굉장히 저렴한 가죽 제품들이 있다. 가성비 최고라고 생각되는 그 가죽 제품들을 한 번씩은 의심하며 구입해야만 한다. 중국에서는 강아지와 고양이를 한데 모아 몽둥이로 패서 벗겨 만든 것을 마치 소나 양피라고 판매한다.

우리가 아름다워지기 위해 사용하는 화장품 또한 수많은 강아지, 토끼, 원숭이들이 실험대 위에서 희생되어 만들어진 것들이다. 그렇기 때문에 동물 실험을 하지 않는 제품을 사용하게 되었다. 사실 패션 업계에 오랫동안 일하면서 나 또한 오스트리치(타조) 가죽을 좋아했고, 파이톤(뱀)이나 악어 등 희귀 가죽을 찬양했다. 사실 죄의식 없이 명품 브랜드의 VIP 스타일링 클래스에서 "이건 아직 태어나지 않은 소나 양의 배 속에 있는 새끼로 만든 송치 가죽이에요. 만져보세요! 얼마나 매끄러운지"라고 의기양양 말했던 나 자신이 부끄러울 뿐이다.

국제 동물 보호 단체(PETA)에 따르면 매년 10억 마리 이상의 동물이 인간에게 필요한 가죽을 공급하기 위해 희생되고 있다고 한다. 고대 시대부터 인간은 동물의 가죽을 몸에 걸쳤다. 그런데 대량으로 동물의 가죽을 얻는 과정에서 문제가 생겨나는 것이다. 밍크나 여우에 비해 상대적으로 가격이 낮은 라쿤털은 패션 브랜드에 가장 친숙한 소재이다.

나도 라쿤털을 이용한 디자인을 했던 적도 있고, 몸에 걸치기도

했다. 그러다 보니 정말로 대량의 라쿤털이 필요할 것이다. 그런데 라쿤털을 얻기 위해 너구리들을 강에 처넣고 올라오지 못하게 몽둥이로 때려 익사시켜서 털을 얻는 뉴스를 봤다. 수천, 수억 하는 멋진 악어를 잡을 때는 시간을 아끼기 위해 살아 있는 악어의 가죽을 벗긴다.

몇 해 전, 제인 버킨이 가죽을 무참하게 채취하는 다큐멘터리를 보고 충격을 받아 버킨백의 이름을 사용 중지해달라고 법원에 요청한 기사를 읽었다. 가지고 있던 고가의 오리털 패딩과 모피 코트를 사람들에게 나누어 주었다. 금액과 상관없이 대외적으로 필요한 기본적인 가방만 빼고 남은 것은 모두 패브릭 가방들이다. '나는 이제 면죄되었으니 당신은 하지 마시오'라고 말하는 것은 아니다.

오래 전, 제주도 이시돌 성당 호숫가를 걷는데 아주 작은 뱀이 온몸을 뒤틀며 괴로워하고 있었다. 그날은 정말로 무더운 여름날로, 아마도 숲에서 시멘트 길로 우연히 나온 새끼뱀이 뜨거움에 몸을 펄떡이며 죽어가는 모습을 마침 내가 본 것이다. 너무 징그럽고 무서웠지만 물을 주고 싶었다. 바로 앞이 호숫가인데도 불구하고 뜨거운 태양 속에 안간힘을 쓰던 새끼뱀은 죽고 말았다. 마지막까지 비틀거리다 죽은 뱀을 보고 뒤에 오는 아줌마 일행이 징그럽다 소리지르는데, 죽은 생명에게 너무도 미안하여 나뭇가지로 뱀을 수풀 속으로 던져주고 좋은 곳에 가라 기도해주었다. 그 장면은 내게 꽤 큰 충격을 주어 오랫동안 머릿속에서 떠나질 않았다. 뙤약볕에서 끈질기게 버텨보려 했던 새끼뱀을 보며 생명이라는 것이 저렇게 질긴데 우리는 너무도 쉽게 동물을 희생시킨다.

TV에 출연한 생태학자 최재천 교수는 코로나19의 발생에 대해 이렇게 전했다. 코로나 팬데믹 상황에 대해 발견된 1400여 종의 박쥐들은 압도적으로 열대 지방에 분포되어 있지만 지구 온난화로 기온이 올라가면서 온대 지방으로 확장했다. 그중 40종 이상의 박쥐가 지난 100년간 이주한 곳이 바로 중국 남부라고 한다. 그곳에 있는 박쥐를 잡아 검사해보면 두세 가지 종류의 코로나 바이러스가 검출된다고 하니, 결국 코로나19 같은 바이러스가 기후 변화와 무관하지는 않을 것이라고.

“생물 다양성의 불균형을 바로 잡지 않으면 확률적으로 앞으로 이런 일은 계속 벌어질 수밖에 없습니다. 이 불균형을 근본적으로 해결하지 않으면 앞으로 우리는 몇 년에 한 번꼴로 마스크를 쓰며 생을 마감해야 할지 모릅니다. 이제는 정말 자연과 우리의 관계를 새롭게 정리하면서 살아야 합니다”는 그의 경고를 귀담아 들어야 한다.

알츠하이머를 상어의 뇌에 있는 단백질을 통해 치료할 수 있다는 사실을 알고, 과학자들은 대기업 자본으로 짧은 기간 동안 해당 물질을 많이 뽑아내기 위해 상어의 뇌를 크게 만들게 되었다. 영화 〈딥 블루 씨〉의 내용이다. 여름 극장가용으로 만들어진 SF영화지만 시사하는 바가 크다. 인간의 욕심으로 탄생한 뇌가 큰 상어는 지능이 높으니 당연히 인간을 공격할 수밖에 없다. 〈혹성탈출〉에서 유인원과 싸우는 인간이나 뇌가 커진 상어를 상대하는 인간이 멋지다고 할 수 없는 부분이 바로 그렇다. 이렇게 생명을 귀하지 않게 생각하다 우리는 정말로 큰일을 당할 것이다.

> 숨은 일도 보시는데 네 아버지께서 너에게 갚아주실 것이다
>
> _ 마태오 복음 6:18

언젠가 자연 앞에 인간은 속수무책 재앙을 당할 수도 있다. 영문도 모르고 왜 이런 일을 당하는지 알지도 못한 채 죽어가는 동물들에게 이 성경 구절을 알려주고 싶다. 수많은 동물들이 그렇게 허무하게 죽기에 너무 찬란하고 고귀한 생명들이 아닌가. 인간으로 태어나 정말로 미안하다는 말 외에는 할 말이 없다.

행복한 왕자

어린 시절에 읽었어도 참으로 슬펐던 이야기《행복한 왕자The Happy Prince》는 어른이 되어서야 19세기 아일랜드를 대표하는 최고의 시인이자 극작가인 오스카 와일드에 의해 쓰여진 동화라는 사실을 알고 다시 한 번 놀랐다. 1888년도에 쓰여진 동화는 영원한 삶과 진정한 행복에 대한 이야기를 슬프고도 아름답게 다루고 있어 참으로 많은 것을 생각하게 만든다.

잘 알려진 작품이지만, 그래도 대강의 내용을 소개해본다. 도시를 한눈에 내려다볼 수 있는 곳에 몸은 순금, 눈은 사파이어, 루비가 장식된 검을 찬 '행복한 왕자'의 조각상이 있다. 이렇게 아름다운 왕자는 높은 곳에서 세상을 바라보지만 슬프기만 하다. 인간의 욕심과 탐욕, 그리고 비참한 모습에 왕자는 눈물이 하염없이 흐를 뿐이다.

때마침 남쪽으로 향하던 제비 한 마리가 왕자의 조각상에서 쉬다 눈물에 맞게 되고 제비는 왕자의 부탁으로 왕자의 몸에서 금과 보석을 떼어 가난한 사람들에게 나누어 주게 되었다. 재봉 일을 하는 엄마와 아픈 아들, 가난한 극작가와 성냥팔이 소녀 모두에게 제비는 왕자의 몸에서 모든 금과 보석을 떼어 전달했다. 그러던 어느 겨울날 추위와 배고픔에 제비는 죽게 되었고, 아무것도 남지 않게 된 왕자의 심장도 둘로 쪼개져버렸다. 날이 밝자 사람들은 도시의 자랑이던 왕자가 흉물스럽다 손가락질하며 불에 녹여버렸다.

유튜브와 SNS를 통해 사람들이 귀여운 강아지나 고양이로 돈과 명예를 얻는 것이 부러워 펫숍에서 동물을 쉽게 구매한다. 키우다 감당이 되지 않으면 버려버리는 사람들이 점차 늘어나고 있다. '뭉치의 개팔상팔'부터 '달려라 달리', 요즘은 보더콜리와 함께 러닝하는 사람들까지 동물 관련 영상을 보며 힐링을 얻기도 하지만 문제는 자신도 갖고 싶다는 욕망에 너무도 쉽게 돈을 주고 생명을 구입한다는 것이다.

더 문제인 것은 일본의 누군가가 수달을 키워 귀엽다고 생각하면 우리나라에도 수달을 키우는 유튜브가 생겨난다는 점이다. 어디 그뿐인가. 미어캣부터 너구리, 고슴도치에 이르기까지 종류도 다양하다. 물론 그들이 모두 문제가 있다는 것은 절대로 아니다. 그러나 생명을 키우는 것에 대한 어려움을 알기에 걱정하는 것이다.

아주 오래 전 〈TV 동물농장〉에서 애니멀 커뮤니케이터 하이디가 등장한 적이 있다. 이때 여러 번 파양당한 채 나이가 들어버린 '유령강아지, 꽃님이' 편을 보고 참 많이 운 기억이 있다. 병들고 나이가 들어 버려진 강아지는 동물병원에서 아무도 보지 않은 채 유령처럼 등을 돌리고 잠만 잔다. 애니멀 커뮤니케이터 하이디가 긴급 투입되어 꽃님이에게 말을 걸자 예상 외의 답을 듣게 된다. '너무 피곤하니 말을 걸지 말아달라'는 것이다. 동물병원 식구들은 꽃님이와 대화를 나누고 싶어했다. 그러자 꽃님이는 '가족들이 자기를 고치려 한 것도 알고 있어 버린 것에 대해 원망하지 않는다. 그러나 더 이상 살고 싶은 마음이 없다. 그리고 동물병원 식구들에게도 부담을 주고 싶지 않고 다시 버려지고 싶지도 않다'는 내용의 말을 하이디를 통해 동물병원 식구들에게 전했다.

나이가 들어 병원비가 많이 들지만 더 이상 사랑스럽지 않은 모습에 버려진 꽃님이를 보며 시청자인 나도, 하이디와 촬영 기사님도, 방에 있던 모든 병원 관계자 사람들까지 함께 울었다. 버려지는 것을 원하는 사람은 없다. 이 세상에 버려지려고 태어나는 존재는 없다. 우리는 지구를 빌려 사는 것뿐인데 지구가 우리 것인 것마냥 생명에게 위협을 가할 수는 없다.

최근에는 동물 체험 카페나 농장이 문제가 되고 있다. 동물들 또한 사회성을 가지고 동료와 생활한다. 그러나 홀로 케이지 안에 있는 특수 동물들은 자신의 머리를 벽에 부딪히는 등 이상 행동을 일으키고 있다는 뉴스를 보았다.

문제는 이것만이 아니다. 오늘은 '버려지는 퇴역 경주마'에 대한 기사를 보았다. 인간의 오락을 위해 한평생 자신을 희생하는 전통 소싸움 경기의 소들, 수족관의 돌고래 문제가 점차 수면 위로 올라오고 있다. 동물들은 사람들에게 사랑을 준다. 유기견들이 인간을 무는 것은 자신을 방어하기 위함이다. 공격하기 위함이 아니다. 바롱이만 봐도 그러하다. 공격적인 성향은 지속적인 사랑과 안정된 삶 속에서 점차 변해갔다. 그 시간만 2년이 걸렸다.

우리나라에는 아직 퇴역 경주마에 대한 법안이 없기에 속수무책 평생 인간의 오락을 위해 희생되다 버려졌다 해도 마주를 처벌할 방법이 없다고 한다. 데이비드 린치의 〈엘리펀트 맨〉 영화를 보면 기형으로 태어난 사람들이나 아시아인들이 서커스에 오락용 전시품으로 활용되었다. 지금은 개인이 달나라 여행도 갈 수 있게 된 21세기이다. 그런데 동물에 관해서는 아직도 사람들의 생각이 19세기에 머물러 있다.

행복한 왕자라면서도 슬프게 울고 있는 왕자처럼 동물들은 그렇게 인간에게 모든 것을 주고 버려지고 비참하게 죽임까지 당한다. '하늘이 무섭지 않느냐!'는 말을 버리는 사람이나 학대하는 사람, 오락을 위해 전시용품으로 이용하는 사람들에게 소리치고 싶다. 자신의 몸을 다 바쳐서 사람들을 위해 희생하고 비참하게 죽은 행복한 왕자님과 그를 돕다 굶주려 죽은 제비의 죽음을 슬퍼하는 신이 그들을 하늘 높은 곳으로 데리고 간 장면에서 《행복한 왕자》의 이야기는 끝이 난다.

학대받는 동물들이나 안락사 직전의 동물들, 그리고 동물 체험 카페나 농장의 전시품으로 너무나도 외롭게 죽어가는 동물들, 어디 그뿐인가. 비닐 봉지와 페트병을 먹고 죽어가는 펭귄이나 물개의 사진을 보며 나는 어쩔 줄 모르고 발만 동동 구를 수밖에 없다. 그러다 겨우 생각해낸 것은 행복한 왕자와 제비처럼 그들이 모두 천국에 가서 살기를 바라며 기도할 뿐이다. 아프지 않고 외롭지 않으며 학대받지 않고 즐겁고 행복하게 살아가기를. 행복한 왕자와 제비같이 말이다.

마루의 십자가

나를 따르려는 사람은 누구든지

자기를 버리고 제 십자가를 지고 따라야 한다

_마태오 복음 16:24

예수님께서 제자들에게 하신 말씀이 항상 못마땅했다. 내가 성실하지 않은 것도, 거짓을 말하지도, 이간질을 하며 사는 것도 아닌데 더 이상 어떻게 버리고 살며 십자가까지 지란 말인가.

대부분 어린 시절 유복하게 살았다고 말하는데 우리 집도 그러했다. 그러나 점차 부모님의 사업 실패와 믿었던 지인으로부터의 사기로 인해 말 그대로 풍비박산이 났다. 잘나가던 직장도 어머니 빚쟁이들 등쌀로 그만두었다. 이제야 별 부끄러움이나 서러움도 없이 말할 수 있게 되었지만, 오랫동안 어머니의 빚잔치를 떠맡아야 했다.

그러다 보니 억울함과 서운함에 울분을 토하던 때도 있었지만, 점차 '어머니는 나의 십자가이자 천국의 열쇠였구나' 생각하게 되었다.

그래도 사람인지라 참을 인忍 자를 아무리 새겨도 고집이 점차 세지는 노인을 상대하니 화가 날 때도 많았다. 그러다 마루를 만났다. 너무도 사랑스럽고 귀여운 털복숭이 친구와 어머니는 나에게 위로와 행복을 주는 존재였지만 치료비와 병치레 수발이 보통이 아니다.

어느 날은 오전에 어머니를 강남 성모병원에 모셔다 드리고 오후에는 입원한 마루 병문안을 가야 했던 적도 있다. 오전, 오후로 투여하는 인슐린 주사도 365일 하루도 거르지 않고 시간에 맞춰 놔야 하는 것은 물론 한 번도 경험하지 않은 간 수술까지 받는 강아지와의 동거는 참 어렵고 힘들다.

어디 그뿐인가. 세상 바쁘기로는 둘째 가라면 서럽게 바쁜 내가 두 번째 강아지까지 좋은 마음으로 입양하고 보니 이번에는 정신적으로 문제가 있는 강아지였다.

내가 제일 존경하는 이모가 입양한 강아지가 정신적으로 문제가 있다고 하니 한숨을 내쉬며 말씀하신다.

"어째 너는 강아지를 데리고 와도 그런 강아지가 오니…."

마루의 수술비는 보통 300만 원에서 많게는 천만 원 가까이 들 때도 있었다. 그런 내가 안타까운지 이모는 한숨을 내쉬며 걱정하는 것이다.

"그러게. 이모. 이것도 다 뜻이 있으시겠지. 십자가가 이렇게 많으니 나는 참 좋겠어"라며 허탈하게 웃곤 했다. 그러다 나는 마루가 나의 십자가가 아니라 내가 마루의 십자가라는 사실을 깨닫고 미안함에 펑펑 울게 되었다.

입양할 당시에는 다른 개들과는 달리 입 주변이 붉게 물들지도 않았고, 머리통부터 발끝까지 정말로 구름처럼 몽실몽실 하얀 강아지였다. 눈망울은 또 어떠한가. 까만 눈 한쪽은 약간 사시라 어찌나 눈이 귀여운지 힘든 일도, 피곤함도 잊곤 했다. 몸통도 다부져서 뛰놀 때는 보더콜리 저리 가라였다.

그런데 어느 날 문득 마루를 바라보는데 이제는 양쪽 눈 다 수술한 인공 눈에, 그마저도 한쪽 눈은 녹내장으로 시력을 잃고 점차 점막이 눈 위를 덮고 있다. 머리는 이제 나이가 들어 하이바컷이 불가능하고, 당뇨로 인해 입 주변과 눈 주변이 붉게 물들어 꼴이 이만저만이 아니게 되었다. 퇴행성 관절염이 시작되어 이제는 다리도 절뚝거리며, 이빨은 거의 다 발치하여 남은 것도 별로 없다. 그런 마루를 보고 있자니 너무도 미안하여 눈물이 났다.

절대로 신은 인간을 벌하지 않는다. 다만 좋은 길로 인도하기 위해 우리에게 가장 소중한 것을 눈물로 치신다. 내가 화를 내거나 잘못된 일을 저지를 때 꼭 마루가 아프거나 병에 걸려 수술까지 하게 되었다. 처음에는 왜 제게 이런 고통을 주시는지 화도 냈지만, 결국 나의 고집과 거만함과 잘못된 습관밖에 떠오르는 것이 없기에 언제나 무릎꿇고 기도하며 간절히 청했다. '아버지, 제 잘못을 뉘우치고 반성

합니다. 제가 너무도 부족하여 이렇게 매번 똑같이 어리석은 행동을 저지르지만 제 잘못을 잘 알겠으니 마루를 너무 아프게 하지 말아주세요'라고.

고집은 물소처럼 세고, 자존심이 센 나는 나이가 들어도 여전히 어린아이같이 유치하고 어리석은 짓도 많이 저지르게 된다. 그럴 때마다 마루의 눈과 이빨과 내장이 하나씩 없어지는 것 같다. 마루가 아플 때마다 나의 잘못을 돌이키는 내 모습은 긴고아를 쓴 화염산의 손오공 같았고, 그렇게 순종하며 내려놓은 삶을 살게 되었다.

아직도 부족한 것이 많지만 '예전 모습 그대로 지금까지 살았다면 어떻게 되었을까' 생각하면 아찔하다. 그러니 마루를 나의 십자가로 알고 잘난 척하며 한숨 쉬던 나의 모습이 부끄럽기 그지없을 뿐이다. 마루는 나라는 덩치 큰 십자가를 지고서 자신이 아프다고 해도 절대로 내색도 안 하는데 말이다.

다시 수술대 위로

이 글을 모두 끝내고 난 한 달 후 마루는 수술을 받게 되었다. 그렇지 않아도 온갖 질환을 자격증처럼 가진 마루는 혈당 체크부터 눈까지 정기적인 건강 검진이 필요하다. 그런데 한동안 바쁘다는 핑계로 잊고 있었다. 만만찮은 지출이 발생하는 것도 미루게 된 원인이지만 무엇보다도 마루의 컨디션이 꽤 좋아 보였기에 검진을 미루었다. 그러나 안 좋은 일은 소나기처럼 갑작스럽게 몰아 닥친다.

"마루의 상태가 좋지 않습니다."

가슴이 철렁 내려앉았다.

"지난 번 검진 때에 비해 비장에 있는 혹이 너무 커져서 비장 자체를 들어내는 것이 좋을 듯합니다. 그리고 간에 있는 혹의 모양도 좋지 않습니다."

거기까지도 기가 찬 일인데 원장님은 다음 말을 이었다.

"이빨이 너무 안 좋아서 모두 발치해야 할 것 같습니다."

마루를 입양하자마자 한 달도 안 되어 시작한 수술이 이빨 수술이었다. 전에 살던 곳에서 오랫동안 이빨을 방치한 덕에 잇몸과 이빨이 많이 상해 있었다. 유전적인 것도 있었지만 역시 양치질 없이 방치한 탓이다. 몇 년 전 건국대학교 병원에서 들은 내용도 있어 그렇게 열심히 아침저녁으로 양치질을 열심히 해주었건만….

"아마 말을 안 해서 그렇지 많이 아팠을 거예요."

사실 마루가 가장 예민하게 반응하는 것이 입을 닦아줄 때이다. 더 이상 두면 잇몸까지 모두 상한다는 말에 나는 떨리는 목소리로 물었다.

"그렇게 큰 수술에 마루가 마취를 견딜 수 있을까요?"

마루를 품에 안고 병원 원장님에게 물었다.

"그렇죠. 문제는 마취인데 해볼 수 있는 데까지 하고 아니면 빨리 끝내겠습니다. 그래도 비장 수술은 꼭 필요합니다."

내 표정을 보고 위로를 해주려고 한 것인지 모르지만 원장님은 말을 이었다.

"그런데 다행인 것은 몸이 이렇게 안 좋은데 마루의 컨디션이 좋다는 거예요."

마루는 언제나 그렇다. 큰 수술을 받건, 몸이 아프건 간에 컨디션이 좋아 보인다. 그래서 더욱 몰랐을까. 어디서 어떻게 놓친 것인지 안타깝기 그지없었다.

나이가 들면서 섬유종이 몸통 여기저기 생겼고, 그 크기도 점차 커졌다. 너무 크게 자란 섬유종도 제거해서 조직 검사도 해야 한다. 더군다나 비장은 부분 절개가 불가능하기 때문에 전체를 들어내야 한다. 비장이 없으면 혈액을 만드는 곳이 모두 골수 쪽으로 몰린다. 참으로 비장한 마음을 가지고 비장 얘기를 들어도 눈물이 앞을 가릴 뿐이다.

마루는 내 인생을 바꿔준 존재이다. 너무 과장한다고 말할지도 모르지만, 내게 신앙이 생긴 것만큼 마루는 나의 인생을 송두리째 바꾸어준 존재이다. 체질 개선을 하듯 마루는 나를 바꾸어주었다. 도라에몽이 진구의 인생을 바꿔준 것처럼, 마루로 인해 나의 인생이 달라졌다.

그렇게 수술 날짜가 정해졌다. 마취를 견딜 수 있어야 하기 때문에 시간을 오래 끌 수 없었다. 수술 전날부터 수액을 맞기 시작하기 위해 입원한 마루를 찾아갔다. 아무 생각 없이 바늘을 혈관에 꽂은 채 병원 근처 공원을 산책했다. 어찌나 미안하고 죄스러운지 나는 그렇게 다시 나의 모든 교만과 고집을 바닥에 내려놓자고 다짐했다. 그 먹보가 금식까지 해야 하니 마음이 더 착잡하다.

마루의 수술 당일은 갤러리아 백화점에서 VIP 고객을 위한 팝업이 열리는 날이었다. 아침 일찍부터 백화점에 나가 행사 준비를 하고 판매하기 위해 온 셀러들과 직원들에게 응원하며 웃어준다. 마음에는 눈물이 꽉 차 있는데 나는 별일 없듯이 웃어야 한다. 그러다 보니 아픈 아이들의 엄마들이 이 심정이었겠다 싶어 가슴이 미어진다. 멀리 볼 필요가 어디 있겠는가. '모스가든'의 파트너인 김혜진 대표는 그렇게 3년 넘게 혈액암에 걸린 아들 뒷바라지를 하며 회사 일을 병행했다.

"아들에게 무슨 일이 생기면 저도 끝이에요."

커다란 눈에 눈물방울이 그렁그렁한 채로 사무실 구석에서 직원들 몰래 얘기한 모습이 떠올랐다. 아픈 아이를 둔 엄마들은 그렇게 마음을 숨기고서 세상에 부딪히며 살아가고 있다. 그중에는 형편이 넉넉하지 못하거나 딱한 사정을 가진 엄마들도 있을 것이다. 그러니 세상은 그들에게 어떤 형태로든 같이 공존하며 살아나갈 수 있는 기회를 주어야 한다. 기업은 기업대로, 세상은 세상대로.

팝업 준비를 어느 정도 마치고 수술하기 전 마루의 얼굴을 보고 싶어 병원에 찾아갔다. 울지 않으려고 했지만 "잘 부탁합니다"라는 말끝에 눈물이 터져나왔다. 그렇게 마루의 수술이 시작되고 나는 일터로 돌아와 내 할 일을 했다. 심지어 입원하는 동안 해외 출장까지 다녀와야 했다.

회복실에 있는 마루를 만나기 위해 출장 가기 전에 면회를 갔지만 마취 때문인지 마루는 나를 보고 얼굴을 돌렸다. 왜 그 좁은 공간에 자기를 가둔 것인지 몰라 그랬는지, 비몽사몽 때문인지 몰라도 얼굴을 돌렸다. 영국에서 일을 보는 동안 직장 동료가 나의 어머니를 모시고 같이 가 마루에게 간식을 주어 내게 영상을 보내주기도 했다.

그렇게 시간이 지나고 다시 면회하러 갔을 때 비로소 마루는 내게 안겼다. 아주 깊이 오랫동안 서로 안고 보듬었다. 마루는 수술하고 나서도 한동안 입원해야 했다. 수술 부위가 터지지 않아야 했고, 당수치도 다시 체크해야 했다. 마루가 다시 입원실로 들어갈 때마다 언제나 작은 머리통이 나를 향해 이렇게 묻는 것 같았다.

"여보시개! 나는 왜 안 데리고 가개?"

마취를 오래 하지 않게 하기 위해 최소한의 것만 수술했다는데, 비장을 떼내고, 간을 절개하고, 섬유종과 이빨 7개를 빼야 했다. 그렇게 대수술을 마친 마루가 집에 돌아왔을 때 가장 먼저 한 일은 자기가 가장 좋아하는 베란다 쪽 창가에 다리를 올리고 햇살을 맞으며 잠을 자는 일이었다. 나는 그런 마루를 보며 일상의 소중함을 다시 한 번 깨닫게 되었다.

걱정도 팔자

마르타야, 마르타야

너는 많은 일을 걱정하는구나

_ 루카 10:41

큰 수술을 하고 이제야 좀 괜찮아지나 싶었는데 역시 긴장을 늦추면 안되었다. 어디서 무엇을 주워 먹었는지 모르겠지만 마루의 상태가 심상치 않다. 수술하고 나서 '비장과 간이 없으니 예전처럼 돌아가지 않을 수 있다'라는 원장님의 말이 떠올랐다.

먹을 것을 찾아 헤매는 하이에나처럼 그렇게 집 안을 어슬렁거리며 돌아다니는 마루가 먹을 것을 마다했다. 아침 먹은 것도 다 토해냈는데 간식도 마다하고 잠만 잔다. 회의할 때도 마루를 책상 위에 올려두고 진행했다. 먹지 않고 잠만 잔다.

"원장님, 마루가 음식을 먹지 않는데요?"

"다 토했고, 다시 음식을 줬는데도 거부하는 거죠? 당장 데리고 오세요."

두근거리는 마음으로 병원에 갔다. 어슬렁 마루도 내 옆에 붙어 원장님에게 다가섰다. 매번 수술을 하고 주사를 맞는데도 마루는 병원에 가길 두려워하지 않는다. 검사하고 나서도 별다른 이상이 안 보인다던 원장님에게서 전화가 왔다.

"바로 다시 병원에 데리고 오세요. 원래 700 정도여야 하는 간 수치인데, 마루는 지금 5,000이 나왔어요."

기가 막혀 말이 나오지도 않았다. 아침에 엘리베이터에서 있던 일이 생각났다. 아파트 청소한다고 고지를 붙이고 나서 엘리베이터 안이 락스 냄새로 진동했는데, 파란 작은 방울이 떨어져 있었다. 혹시 몰라 닦으려는데 마루가 한 발 앞서 핥고 말았다. 아무래도 락스를 먹은 모양이다.

"이 정도 간 수치면 보통은 정신을 잃고 오거나 죽거나예요. 그런데 마루는 멀쩡히 걸어 들어오니 생각을 못하다 얼마 전 간 수술한 것도 있고 해서 간 수치를 보니 5,000이 넘었어요."

그렇게 해서 또 일주일을 병원에서 수액을 맞으며 회복되길 기다렸다. 나는 이번에야말로 마루가 죽을 수도 있겠다 생각이 들었다. 다행히 퇴원을 할 수 있었지만, 지난 번 수술하고 났을 때보다 훨씬 컨디션이 안 좋아 보였다. 산책을 나서는데 걸을 때 옆으로 비틀거리거나 앞으로 고꾸라지는 일이 많아졌다. 가슴이 철렁 내려앉았다. 나이가 들어 그러나 아니면 너무 더워 저러나 싶어.

다음 날은 새벽 5시에 마루와 바롱이가 유난히 좋아하는 남산에 가기로 했다. 일주일에 한 번은 꼭 데리고 가는데 장마 오기 전에 한 번이라도 가고 싶어 갔는데 거기서는 더하다. 숨 가쁘게 걷는 것도 마음 아픈데 여전히 휘청이며 걷는다. 내려올 때는 아예 힘이 드는지 나를 바라본다. 주차장으로 내려가는 길은 어쩔 수 없이 안고 내려오는데 기도가 절로 나왔다.

주님, 마루와 남산을 조금 더 걸을 수 있게 해주세요
할 수 있는 모든 일에 최선을 다하고
진심으로 즐거운 마음으로
기꺼이 당신의 뜻과 계획을 따르며
아버지의 계획을 실천하겠습니다
그러니 제발 마루를 너무 아프지 않고
제 곁에서 편히 지내며 살다 주님 곁에
나중에 갈 수 있게 해주세요
아버지, 제가 아직 준비가 안 되어서 그래요
저를 바라봐주고, 기다려주고, 사랑해주는
마루와 함께 조금만 더 살게 해주세요

산책길에서 돌아와 절절한 마음으로 SNS에 글을 올렸더니 회사 파트너인 김혜진 대표가 그걸 보고 내게 말한다.

"마루는 올해 들어 간 절제 수술도 하고, 비장도 제거하고, 또 얼마 전에는 간 수치가 5,000까지 올라 오랫동안 입원하고, 그리고 나서도 바로 강릉 출장에 같이 가셨잖아요. 그런 애를 새벽 5시부터 남산에 데리고 갔으니 힘들지 않겠어요? 마루가 죽는다고 누가 그래요?"

완전히 누가 내 머리를 한 대 치고 간 느낌이다. 갑자기 부끄러웠다. 생각해보니 커다란 수술로 입퇴원을 반복하며 고생했다. 더군다나 마루의 컨디션이 걱정도 되어 강릉 출장길에도 함께했다. 가는 동안 가평 휴게소에 있는 반려동물 놀이터에 들렀다 가기 위해 새벽에 길을 떠났다. 강릉에 가서도 낮에는 일을 해야 하기 때문에 사천 숲속에 있는 놀이터에서 놀게 했고, 밤길에 산책하다 논두렁에까지 빠지지 않았나. 힘들고 피곤한 것은 당연한 일이구나 싶어 이틀 정도 집에 두고 푹 쉬게 했더니 저녁을 먹고 혼자 발라당 뒤집어져 좋다고 인형까지 가지고 간만에 논다.

사람들은 때때로 일어나지도 않은 상황을 혼자 상상하며 두려워한다. 문제의 본질에 대해 생각하는 대신 결과에 대한 걱정에 가장 중요한 사실을 잊고 마는 것이다. 자신의 집에 방문한 예수님의 발을 씻기고 있는 동생 마리아가 못마땅한 언니 마르타는 분주하게 시중을 들다 예수님께 다가가 서운한 듯 이렇게 말한다.

"동생이 일은 안 하고 제게 혼자 시중들게 하는데 보고만 계실 건가요?"

"마르타야, 마르타야. 너는 많은 일을 염려하고 걱정하는구나"라고 묻는 언니에게 예수님은 말한다. 예수님을 위한 저녁 만찬도, 시중도 중요하지만 예수님이 그 집에 간 이유는 마르타, 마리아 자매와 함께 대화를 나누고 싶었던 것이 아닐까. 동생 마리아는 예수님의 가장 가까운 곳에 앉아 경청할 자세를 하고 있지만 식사 준비만 생각하며 분주한 언니는 무엇을 먼저 해야 하는지 파악하지 못하고 불만과 걱정하는 마음만 키운 것이다.

마루가 내일 당장 죽기라도 하는 것처럼 호들갑을 떨었던 내가 마르타와 다를 것이 무엇이 있겠는가. 가끔 일어나지도 않은 일을 먼저 걱정하여 정말로 중요한 것을 놓치는 일이 없도록 해야 하는데, 그것이 참 쉽지가 않다.

천국에 가고 싶어졌다

영화 〈베를린 천사의 시〉의 첫 장면을 보면 천사가 금색 지붕에서 세상을 바라보는데 아무도 모르고 길을 걷는다. 그때 어린아이만 위를 바라보며 방긋 웃는다. 아이들 눈에는 천사가 보이기 때문이다. 그것은 동물들도 마찬가지다. 동물들은 인간을 지키기 위해 이 땅에 내려온 천사들이다. 인간은 그것도 모른 채 자신의 이기심과 욕망으로 동물을 사용하고, 버리고, 학대한다. 들개가 인간을 해친다고 뭐라 하지만 원래는 천사였던 강아지들이 이 땅에서 살아가기 위해 어쩔 수 없이 들개가 된 것이다. 사람들은 그 사실이 눈에 보이지 않는 듯하다. 벌거벗은 임금님처럼 보이지 않는데도 보인다고 하고, 보여도 보이지 않는다고 하니 한숨이 나온다.

모든 순간을 잘살아야 한다. 그렇지 못하면 잘살도록 끊임없이 노력해야 한다. 아무렇지 않게 살던 매일이 기적인지는 큰일을 겪고 나면 알게 된다. 아무 일이 없는 날과 폭풍같이 엄청난 날을 얇은 벽 하나 사이에 두고 우리는 무심히 살고 있다. 오늘 아무렇지도 않던 아이가 내일 암 선고를 받고, 아침에 웃음을 주었던 가족이 저녁에 사고를 당할 수도 있다. 모든 것은 한순간의 찰나로 이루어진 '기적 같은 매일' 속에 살고 있는데 우리는 자꾸 잊어버린다.

언젠가 마루도 무지개 다리를 건너게 될 것이다. 농담 삼아 마루가 죽으면 산에 올라가 흰 옷을 입고 3년상을 치르겠다 했더니 모두 웃는다. 나는 천국을 믿는다. 그러다 보니 점점 천국을 생각하게 되었다. 영화 〈코코〉에서처럼 아이들과 동물들은 죽는 순간 어깨에서 날개가 튀어나와 바로 천국에 갈 것 같다. 인간보다 훨씬 빠른 '동물 시계'가 광속처럼 움직여 무지개 다리를 건너 다시 하늘나라로 올라갈 것 같다. 강아지와 고양이가 죽자고 턱 밑을 긁는 것은 자신의 견갑골 속에 숨어 있는 날개를 긁는 것이지, 다리가 짧아 턱을 긁는 것은 아닌가 싶다.

세상에는 많은 사람들이 천사의 마음을 가지고 살아가려고 노력하고 있다. 패션 포토그래퍼 김현성과 김태은은 편한 길을 놔두고 쉽지 않은 길을 선택하며 유기동물이나 자연환경의 중요성에 대해 지속적으로 외치고 있다. 가수 이효리는 누가 시킨 것도 아닌데 방송까지 만들며 유기견 입양에 저렇게 앞장서고 있다. 해외에선 용왕님이 탄복할 정도로 칼을 들고 바닷가를 다니며 낚싯줄이나 따개비에 고통받는 바다거북이들을 구조하는 사람들도 있다.

사실 우리 주변에도 수많은 천사들이 존재한다. 길냥이에게 사료를 주는 것에 대해 싫어하는 사람들도 있지만, 나름대로 팀을 짜서 사료를 사고, 겨울엔 집도 만들어주며 돌봐주는 사람들도 있다. 길냥이에게 사료를 주는 것을 반대하는 사람들이 나쁘다고 할 수는 없다. 개체수가 지속적으로 늘어나거나 안전하지 못하다는 이유로 반대하는 것이니 어떻게 비난할 수 있겠는가.

지브리 애니메이션 〈폼포코 너구리 대작전〉을 보면 자신이 살던 터에 아파트를 짓는 인간과 대치하는 너구리들의 이야기가 나온다. 귀여운 캐릭터와 기발한 발상으로 재미있게 봤지만 지렁이가 땅속에 있지 못하고 아스팔트 위에 죽어 있는 모습이나 들짐승이 마을로 내려와 공격을 가했다는 이야기를 들으면 '원래 이 땅의 주인들이 푸대접을 받고 있구나' 생각한다. 그러나 어쩔 수 없는 현실 속에 공존해야 하니 그 나름대로의 방법을 찾아야 한다. 그렇게 주변에 보여도 보이지 않는 것들을 찾아 살기로 마음먹은 것은 마루 때문이었다.

'은영이 눈에 덮개가 씌어졌개!'라며 내 눈꺼풀을 덮고 있는 이물질을 뜯어내준 듯이 세상은 그렇게 달라졌다. 하나둘씩 처음엔 어설프게 시작한 일들에 애정을 가지게 되었고, 마루가 아플 때마다 간절한 마음으로 하루를 살다 보니 욕심이 생겼다. 천국에 가고 싶어졌다. 마루를 천국에서 다시 만나고 싶어 천국에 가고 싶어졌다. 처음으로 인생의 목표가 생겼다. 천국에 가기 위해 지금부터라도 '잘살기'로. 낙타가 바늘 구멍에 들어가기보다 어렵다는 그 천국을 가기 위해 나는 '착한 사람'이 되기로 결심했다.

아무런 문제 없이 평화롭게 사는 것이 '착하다'가 아니다. '나는 평화를 주러 왔다. 내가 주는 평화는 인간의 것과 다르다'는 성경 말씀처럼 이제 외면하고 살았던 것들에 눈을 돌리고, 행동하고, 미루지 않고 사랑하기로 결심했다. 정말로 천국에 가기 어려울 듯하나 그렇기 때문에 매일 같이 기도를 하게 되었다. 진심으로 마루를 만나고 싶기 때문이다.

지금으로부터 20여 년 전, 등산 갔다 소화가 안된다고 병원에 갔던 아버지는 갑작스레 암 선고를 받았고, 석달 후에 돌아가셨다. 나는 아버지가 그렇게 빨리 내 곁을 떠날 거라 생각해본 적이 없어서 많은 것을 미루며 살았다. 사람들은 우리의 시간은 멈춰 있다는 착각 속에 산다. 집에서 혼자 있는 반려동물의 시간 또한 자신의 시간 속에서 빠르게 흐르고 있는데, 우리는 마냥 집에서 기다리게 하고 있다.

어찌 보면 주님은 마루를 보내어 아픈 사람들과 그 가족의 마음을 헤아리게 하신 것도 있겠지만, 때로는 '마루가 없는 세상을 너무도 상심할 것에 미리 대비하여 평생 아프게 한 것인가' 하는 생각을 종종 한다.

마루를 입양하게 도와준 김태은 작가의 "언니, 나중을 대비해서 한 마리 더 입양해"라는 말을 시큰둥하게 받아들였다. 사실 강아지를 키우고 싶은 것이 아니라 마루와 함께 살고 싶기 때문이다. 나를 걱정하는 그녀의 걱정 때문에 바롱이를 보내주신 것 같다 하니, 지인의 일이 떠오른다.

"선배, 짝꿍이가 심장병 때문에 갑작스레 위독하게 되었어요."

울먹이는 목소리가 전화기 저편에서 들려온다.

"무슨 말이야. 지난 달에 춘천 갔을 때만 해도 괜찮았잖아."

글도 잘 쓰는 지인은 세상을 바라보는 시선도 남달라 사는 것도 남달랐다. 남편과 함께 유기 고양이를 네 마리나 키웠는데, 몇 년 사이 마루까지 보듬어주던 하양이와 함께 두 마리의 고양이가 무지개 다리를 건넜다. 그리고 그녀 곁에는 치매와 노환으로 골골거리는 까망이와 사람들의 관심받기를 좋아하는 '인싸' 고양이 짝꿍이가 남게 되었다. 그때 그녀는 이렇게 말했다.

"선배, 까망이가 죽으면 이제 짝꿍이에게만 집중해서 키우려고요. 보내는 것도 힘들고, 동물들과 같이 사는 것도 이제 너무 힘들어서요. 위에 언니, 오빠들 때문에 항상 뒷전이던 짝꿍이만 키우며 살래요."

남편 직장 관계로 춘천에 간 그녀가 보고 싶어 영화처럼 휘날리는 눈 속을 뚫고 가서 짝꿍이 재롱을 본 지 불과 두 달 정도밖에 지나지 않은 어느 날이었다. 위급한 상황으로 서울 동물병원에 와 있다며 울먹이는 그녀와 함께 온 고양이는 늙은 까망이가 아닌 인싸 짝꿍이였다. 순한 것도 있지만 유쾌하고 애교가 많은 고양이는 처음 봤다. 칭찬받는 것을 매우 좋아

하던 짝꿍이는 갑작스럽게 힘이 없어져 축 처졌고, 빛이 날 정도로 아름다운 회색털도 사라졌다.

"까망이만 무지개 다리 건너면 짝꿍이 너는 우리의 사랑을 독차지하며 살겠구나 싶었는데 갑자기 이게 무슨 일인지…"

사랑을 독차지하기는커녕 그렇게 아픈 지 두 달 만에 '인싸 고양이 짝꿍이'는 무지개 다리를 건넜다.

나이가 많다고 금방 죽는 것도 아니다. 한 발자국도 제대로 못걷는 까망이는 아직도 골골거리며 20살이 되었다. 모든 생명은 자기 목숨이 정해진 대로 산다. 아픈 마루가 바롱이보다 오래 살 수도 있다. 짝꿍이의 소식을 듣고서 바롱이 얼굴을 애틋하게 쓰다듬으며 말했다.

"우리 나중이란 말 하지 말자. 마루 다음이 아니라 마루와 같이 이제부터 바롱이도 흠뻑 사랑할게."

그렇게 소중한 삶을 마주하며 나는 천국을 준비하게 되었다. 내가 천국에 갈 수 있을지는 모르겠다. 그러나 마루, 바롱이와 함께 지금 이 순간을 소중히 생각하며 산다면 그게 바로 천국이 아닐까 싶다.

어떻게 표현할까. 마루와 함께한 모든 시간을. 마루와 함께 새벽을 열었고, 떠오르는 태양을 수없이 보았고, 날아다니는 새들을 바라보았고, 피어나는 꽃과 지는 낙엽을 보았다. 수많은 개미를 연구한 최재천 교수만큼은 아니어도 땅바닥의 개미를 관찰하게 되었다. 만약 내가 마루가 없었다면 보지 못할 모든 자연의 신비와 순간을 같이 보고 느끼고 황홀해하며 행복해했다. 새해가 될 때마다 남산에 올라 일출을 보는 일도 마루가 없었다면 하지 않았을 것이다. 꽃을 좋아하고, 식물을 좋아하고, 어린 고양이를 좋아하는 마루는 거북이, 사슴, 나이 많은 고양이와 파도는 무서워하지만 한 번도 짖어댄 적이 없다. '알아도 모르는 척, 몰라도 아는 척' 그저 싫으면 얼굴을 돌리고 모르는 사람도 반갑다고 인사한다.

주말마다 마루와 함께 남산을 가지 않았다면 그 찬란하고 사랑스러운 계절들을 내 눈에 담지 못했을 것이다. 힘들거나 괴로운 날들의 나는 어둠 속으로 들어가 헤어나오질 못했다. 힘들어도 하늘을 바라보면 햇살이 광합성 작용으로 괴로움을 흘려 보냈다. 참으로 놀라운 일이 아닐 수 없다. 길을 걸을 때도 나는 행복했다. 괴로워도 행복한 순간이 무엇인지 알게 되었고, 울면서도 하늘을 보며 희망을 다짐했다. 소소한 순간을 사랑하게 된 것이 마루로 인해 크게 달라진 변화이다. 언제나 정신없이 앞만 보며 걸었던 내가 하늘을 바라보게 되었고, 일만 하던 내가 웃으며 길을 걷게 되었다.

지금은 마루가 무슨 짓을 해도 건강하기만 하면 좋다. 동물법만 아니면 리드줄로부터 해방시켜 산책하고 싶다. 마루는 일단 누군가를 물고 싶은 마음이 없고, 그럴 이빨도 없다. 이제는 더 이상 인형을 가지고 놀지 않는다. 마루는 분홍색 돼지 인형을 좋아해서 어떤 때는 껴안고 자기도 했다. 그러나 이제 돼지 인형은 바롱이 차지다. 식사 후엔 언제나 좋아하는 터그놀이를 했지만, 그마저도 바롱이만 해달라고 내게 장난감을 가져온다.

그나마 제일 좋아하는 숨바꼭질 놀이는 아직도 하고 있지만, 놀아달라는 시간도 점점 짧아진다. 아무리 피곤해도 즐겁다는 듯이 환호하며 도망쳐야 한다. 방문 뒤나 식탁 밑, 옷장 속에 몸을 숨기면 마루는 이리저리 나를 찾아다니다 발견하곤 귀까지 제치고는 자기도 도망가 숨는다. 어둠 속에 가만히 나를 기다리는 마루가 보여도 안 보이는 척 둘러보며 "마루 어딨니? 어디 숨었니?" 하면 그것도 못 찾느냐고 내 밑으로 와 멍멍 짖는다.

"이보시개. 나 여기 있개. 바보같이 그것도 못 찾개."

언젠가 그마저도 못하게 되는 날이 올텐데 그때가 되면 슬픔에 잠길 것이다. 숨바꼭질이 모든 개가 좋아하는 놀이가 아니라는 것을 안 것은 바롱이 때문이다. 지금도 숨바꼭질을 할 때면 바롱이는 어쩔 줄 몰라 하다 이제는 자기 집에 들어가버리기 때문이다. 수술 후 녹내장까지 온 마루는 이제 외눈이가 되었다. 그 한쪽 눈도 얼마나 귀한데 그마저도 보이지 않게 되는 날이 올 것이다.

마루는 정말로 세상 구경을 좋아한다. 어떤 때는 고개를 개그우먼 박미선 씨만큼 삐죽이 내밀고 지나가는 사람들이나 새들을 바라본다. 지구가 멸망하면 인간이 가장 먼저 죽고 그 다음에 죽는 것이 강아지라고 한다. 스스로 혼자 할 수 있는 능력이 부족하기 때문이란다. 먹보 마루가 간식을 줘도 마다할 때가 있다. 내가 자리를 비웠을 때이다. 어머니가 현관 앞에 앉아 있는 마루의 뒷모습을 찍은 적이 있다. 어찌나 애달픈지 눈물이 찔끔했다.

예전에는 몰랐다. 내가 건강해야 하는 이유를! 이제는 건강 검진도 꼼꼼히 받고 건강 보조제도 열심히 챙겨 먹는다. 요즘 들어서도 가끔 힘들다고 길가에 주저앉는 마루를 안고 들어올 때가 있는데, 나이가 더 들면 그런 일이 더 많아질 것이다. 오늘 아침만 해도 그렇게 좋아하던 남산 언덕에서 마루는 헥헥거리며 움직이지 못하고 나를 바라보았다. 가파른 언덕을 한 손에는 마루를 안고 한 손에는 바롱이 리드줄을 잡은 채 내려와야 했다.

집 가는 차 안에서 라디오를 켜는데, 존 덴버의 노래가 흘러나온다. 'Sunshine on my shoulders makes me happy'는 지금 들어도 참으로 아름답다. 내 어깨에 비치는 햇살처럼 마루는 소중한 동반자로 내 인생에 빛을 밝혀주었다.

힘든 하루 끝에 모든 것이 평화로웠다

출판사도 정해지지 않은 채 이 책을 1년 동안 썼다. 퇴근 후 밤 늦은 시간이나 새벽에 글을 쓰니 빨리 써지지 않았다. 그래도 언젠가는 꼭 마루에 관련된 책을 내고 싶다는 생각에 계속 글을 붙잡고 있는 내가 안타까웠는지 신유진 대표(모스가든디자인컴퍼니 대표)가 말한다.

"이제 그만 좀 써. 그거 잘될 거야. 그리고 이제 콘텐츠 만들어서 굿즈랑 캐릭터 개발까지 해서 유기견도 돕고 그래야지!"

그녀의 말에 마지못해 이동은 주간님에게 전화했다. 모델 장윤주와 함께 출간한 《스타일 북》의 성공으로 여태 베스트셀러 작가라는 수식어가 꼬리에 붙어 계속 글을 쓰게 되었으니 참으로 감사할 뿐이다. 그런 이유로 마루의 책은 꼭 이동은 주간님과 함께 내고 싶었다. 처음 《스타일 북》을 낼 때도 사람들은 패션 정보나 연예인 스타일에 대한 이야기를 원했지만 나는 '인생' 이야기를 '스타일'을 통해 쓰고 싶었다. 그러자니 반신반의하며 반대하는 사람들도 많았지만, 끝까지 믿어준 덕에 출간하게 되었던 것이다.

어떤 상황에서도 좋은 책을 만들고 좋은 콘텐츠를 만드는 사람들을 존경스럽게 생각한다. 오래 전 추억을 가진 사람들과 함께 다시 작업할 수 있다는 설렘을 가지고 평창동에 위치한 출판사를 찾았다. 여름이 되기도 전에 무더웠던 날씨는 초가을 저녁처럼 선선한 바람이 불어 출판사 안에 있는 아름다운 북카페를 이국적으로 만들어주기에 충분했다. 이야기를 나누는 동안에도 어디 멀리 여행이라도 간 느낌이었다.

선뜻 책을 내보겠다는 주간님과 출판사의 긍정적인 답을 듣게 되었다. 역시 인연인가 싶었다. 출판 구두 계약이 성립되어 집으로 돌아가는 길이 기뻤고 즐거웠다. 이 책을 통해 마루와 바롱이 같은 작은 생명에 대한 소중함을 알리고 싶었다. 그리고 삶에 대한 소소한 이야기를 나누고 싶었다. 어서 집에 돌아가 마루와 바롱이에게 이 소식을 전하고 싶어 자동차를 운전하면서도 콧노래가 절로 나왔다.

그러나 항상 말하지만, 인생은 뜻대로 되지 않는다. 마루는 절대로 나의 기대를 저버리지 않는다는 것을 내가 잠시 잊고 있었다. 검은 봉다리에도 짖어대는 바롱이는 생각보다 집에서 얌전한 아이다. 마루는 짖어대지는 않지만 항상 관찰해야 하고 예의 주시해야 하는 요주의 인물, 아니 요주의 강아지다.

일찍 귀가한다고 어머니에게 전화하니 집에 두 녀석을 두고 외출하겠다 한다. 마루가 워낙 말썽이 심하다 보니 언제나 서로의 스케줄을 묻는 게 일상이다.

"오늘 조수미 공연인데, 나 지금 나가도 되겠지?"

"그럼! 내가 금세 집에 도착할 건데, 잠깐 동안 무슨 일이 있겠어?"

기분 좋게 어머니에게 말한다. 그 사이 무슨 일이 생기겠는가 싶었지만, 무슨 일이 생겼다. 집에 도착하니 억울함과 서러움에 마루와 바롱이가 울분을 토하며 짖어댄다.

"왜 혼자 나갔다 왔개!"

"나 빼고 뭐 맛있는 거 먹었개?!"

아이들이 나를 향해 짖어대는 모습이 귀여워 고개를 숙이는데 마루가 유난히 지저분하다. 목욕을 시켜야할 때가 되었다고 아침에도 생각했지만 하루 만에 이렇게까지 더러워질 수 있는지 싶어 자세히 보니 문제가 생긴 것을 알 수 있었다.

"왜 이렇게 더러워. 마루야. 꼬질꼬질… 아니 너 이게 뭐야! 뭐한 거야!"

마루는 온통 기름 범벅에 털은 기름과 엉켜붙어 온몸이 까마귀 형님이 되어버렸다.

"너! 도대체 또 무슨 짓을 저지른 거야!"

내 고함에 바롱이는 벌써 자기 집으로 도망쳤지만 마루는 아랑곳하지 않고 해맑게 꼬리를 흔들며 따라온다. 기름에 묻은 마루의 발자국이 거실부터 베란다까지 엉망진창으로 찍혀 번들거린다. 불을 켜니 집 안이 온통 기름바다였다.

"아! 아버지… 저를 어찌 버리시나이까…."

영화 〈쿼바디스〉처럼 기름으로 번들거리는 마룻바닥에서 머리를 쥐어뜯으며 비명을 질렀다. 강아지들은 보통 두 살에서 세 살까지 악마견으로 지내다 장난기도 사라지는데, 우리 마루는 아직도 이팔청춘인가 보다. 베란다로 가니 어머니가 며칠 전에 고구마맛탕을 만들고 남은 기름을 재활용하겠다 담아둔 커다란 유리병이 옆으로 쓰러져 있다. 그곳이 원전이었다. 베란다로 해서 거실로 이어져 온 집 안으로 기름 발자국이다. 빈 병을 보는 순간 이걸 다 마셨나 싶어 놀라 흔적을 찾아 이리저리 찾아보니 내 방 침대 위에는 이미 토사물이 기름과 범벅이 되어 엉망이 되었다. 고구마 향이 나는 기름을 마시고 모두 다 토해낸 모양이었다.

"너! 이러다 죽고 말 거야!!"

일단 다 토해내면 다행이라 안도의 한숨을 내쉬며 엄청난 양의 기름 범벅 토사물을 닦아내기 시작했다. 그리고 매트까지 젖을 정도로 엄청난 토사물이 묻은 시트와 이불을 모두 세탁기에 돌렸다. 다음은 마룻바닥이었다. 세 번, 네 번을 닦아도 스케이트장 얼음만큼 반질거린다. 온통 기름으로 범벅된 털을 대걸레 삼아 돌아다녔을 것이다. 나는 먼저 원흉을 제거하기 위해 세신사처럼 마루와 함께 욕조에 들어가 기름때를 더운 물로 씻는데, 생각처럼 쉽지 않다. 털이 모두 엉켜 아무리 씻어도 기름기가 없어지지 않았지만 꼼꼼히 씻겨주었다. 이왕 하는 김에 옆에서 구경하던 바롱이까지 목욕시킨다.

하루 종일 회의하고, 평창동까지 운전하고 가서 출판 계약을 맺고, 기름 범벅이 된 집 청소를 하고, 두 마리의 강아지를 목욕시킨 후 저녁밥을 주고, 인슐린 주사를 맞히고, 세탁기에 돌린 이불 빨래까지 정리하고 나서야 나까지 씻은 후 자리에 앉아 마루와 바롱이의 빗질을 시작했다.

살짝 열어둔 창으로 낮에도 불던 그 선선한 바람이 불어오고, 라디오에서는 클래식 음악이 흘러나온다. 빗질을 해주자 마루는 기분이 좋은 듯 드르렁거리며 잠들고, 바롱이는 엉덩이를 내게 바짝 붙여 잠들었다. 힘든 하루 끝에 모든 것이 평화로웠고, 스탠드 불빛 아래로 누워 있는 두 녀석이 사랑스러웠고, 나는 행복했다.

'아픔이 없다면, 세상에 참 평화 없어라'라는 내용의 아름다운 비빌디 모테트(성가)처럼 내게 일어났던 모든 고통과 괴로웠던 순간을 잘 견디고 맞이하는 세상은 그렇게 작은 것에도 행복을 느끼게 된다. 세상의 가장 화려하고 번잡한 곳에서 살던 내가 마루와 바롱이를 키우며 알게 된 사랑의 기적은 그렇게 평범하고 소소한 아름다움으로 가득하다.

이 책을 읽는 여러분에게도 말씀드리고 싶다. 힘든 시간을 꾸역꾸역 견뎌내자! 이겨낼 필요도 없다. 어차피 모든 시간은 지나간다. 안 지나갈 것 같은 시간도, 불공평한 것 같은 상황도 언젠가는 지나간다. 모든 것이 지나간 때를 위해서 가장 괴로운 시간을 잘 버텨내야 한다. 그렇게 시간이 지나면 어느새 아주 사소한 것에도 감사하고 행복하게 느껴지는 날들이 온다. 물론 모든 고통과 시련이 인생에서 완전히 사라지지는 않겠지만, 어느 날 참평화가 우리의 삶에 진득하게 자리 잡게 될 것이다. 여러분의 가정과 인생에 참평화가 오기를 바라며….

사랑은 언제나 오래 참고

사랑은 언제나 온유하며

사랑은 시기하지 않으며

자랑도 교만도 아니하네

_ 고린도 전서 13:4-8

너의 이름은
가브리엘 코코 마루

초판 1쇄 발행 2023년 10월 5일

지은이 서은영

주간 이동은
편집 김주현 성스레
미술 강현희 정세라
마케팅 사공성 강승덕 한은영
제작 박장혁

발행처 북커스
발행인 정의선
이사 전수현

출판등록 2018년 5월 16일 제406-2018-000054호
주소 서울시 종로구 평창30길 10 (03004)
전화 02-394-5981~2(편집) 031-955-6980(마케팅)
팩스 031-955-6988

ISBN 979-11-90118-59-0 03810

• 북커스(BOOKERS)는 (주)음악세계의 임프린트입니다.
• 값은 뒤표지에 있습니다.
• 파본이나 잘못된 책은 구입하신 서점에서 교환해 드립니다.